U0306625

王 猛 等 著

无人机遥感技术
在农业上的典型应用

中国农业科学技术出版社

图书在版编目（CIP）数据

无人机遥感技术在农业上的典型应用 / 王猛等著．
北京：中国农业科学技术出版社，2024.6. --ISBN
978-7-5116-6863-9

Ⅰ．S126

中国国家版本馆 CIP 数据核字第 2024PM7405 号

责任编辑　白姗姗
责任校对　李向荣
责任印制　姜义伟　王思文

出 版 者　中国农业科学技术出版社
　　　　　北京市中关村南大街 12 号　　邮编：100081
电　　话　(010) 82106638 (编辑室)　　(010) 82106624 (发行部)
　　　　　(010) 82109709 (读者服务部)
网　　址　https://castp. caas. cn
经 销 者　各地新华书店
印 刷 者　北京建宏印刷有限公司
开　　本　170 mm×240 mm　1/16
印　　张　8
字　　数　105 千字
版　　次　2024 年 6 月第 1 版　2024 年 6 月第 1 次印刷
定　　价　56.00 元

《无人机遥感技术在农业上的典型应用》

著者名单

主　　著：王　猛

副 主 著：封文杰　韩冬锐　李乔宇

著　　者（按姓氏笔画排序）：

马　爽　王　菲　王剑非　牛鲁燕

杨　洁　杨丽萍　张卓然　张钧泳

周梓涵　郑纪业　赵　佳　侯学会

骆秀斌　贾　琨　徐　浩　高　瑞

郭鸿雁　梁守真　隋学艳

前　言

无人驾驶飞机（Unmanned Aerial Vehicle，UAV），是一种具有自主导航或遥控或两者兼备的航空器，具有携带传感器、电子收发器或攻击武器的能力，可用于战场侦察和民用领域监测。无人机遥感是遥感技术和无人机结合的产物，近年来发展迅速。无人机遥感技术是综合利用先进的无人驾驶飞行技术、遥感遥控技术及遥感应用等，快速获取国土、资源、环境等空间信息的应用技术。与传统卫星遥感和航空遥感相比，无人机遥感技术具有高时效、高分辨率、低成本、快速、准确等优势，目前已广泛应用在测绘、灾害监测、水文气象、资源调查等领域。在农业上，无人机遥感技术的应用满足了现代农业中的监管和应用需求，完善了遥感技术的时空维度，为更多层面的信息获取和决策反应提供了支持。

本书著者所在单位建有山东省农业农村厅遥感应用中心、数字农业山东省工程研究中心等多个科研创新平台。近年来，在国家重点研发计划、国家自然科学基金、山东省自然科学基金、企业横向课题等各类项目的支持下，紧紧围绕农业全产业链过程中数字化、智慧化需求，充分运用无人机遥感、人工智能、大数据等现代信息技术理论和技术方法，聚焦农作物种植面积提取、农情监测、农作物病虫害监测等方面，特别是近几年在国家重点研发项目"农情高频立体监测与集约共享式精细服务应用示（2021YFB3901303）"有关科研任务的研究中，开展关键技术和系统集成创新研究，取得了较好的科研成果，经系统整理著成此书。全书共5章，第1章为无人机概述，简要介绍无人机的起源、发展以及无人机技术应用现状；第2章为无人机系统组成，介绍了无人机系统各分系统情况；第3章为无人机遥感技术，介绍了无人机与遥感技术的结合；第4章为无人机遥感技术在农业上的典型应用，重点介绍了基于无人机高光谱的小麦条锈病遥感监测、利用无人机遥感技术提取农作物植被覆盖度、利用无人机可见光影像提取花生出苗率的研究；第5章为展望。

无人机遥感技术在农业上的应用研究有待进一步发展，著者期待本书的问世，有助于引发读者对该领域进行深入研究，促进我国无人机遥感农业应用的高质量发展。限于本书著者的学识水平，书中的内容和观点难免有不妥之处，欢迎读者不吝指正。

著　者
2024年4月

目　　录

1 无人机概述

无人机（Unmanned Aerial Vehicle，UAV），是一种不搭载机组人员但接受领航员或导航员控制的飞行器。《大英百科全书》有如下定义：无人机是一种具有自主导航或遥控或两者兼备的航空器，具有携带传感器、电子收发器或攻击武器的能力，可用于战略或战役侦察和战场监视，既可以间接介入战场，例如为有人驾驶飞机完成战时任务提供精确标识目标服务，也可以直接介入战场，替代有人驾驶飞机完成战时任务。美国联邦航空管理局更习惯简称无人机为 UAS，因为他们认为无人机不只是一个无机组人员的飞行器，还是一个包括地面站和其他要素在内的系统。以色列提出了现代无人机的功能定义，即实时监视（real-time surveillance）、电子战（electronic warfare）和诱惑（decoys）。

随着科学的发展和技术的进步，无人机已从单纯的规模化、远距离、长航时军用情报侦察逐渐向两个分支演变发展。一是以军用为目的继续向集团化、全球化、全天候不间断侦察方向发展；二是向小型化、中近距离、区域化，以短期的某个特定任务为目的的军民两用方向发展，近年来后者的发展越来越受重视。文献调查显示，小型无人机已经大量用于除军事用途以外的诸多领域，包括地形测绘、应急管理、资源调查、遥感、考古、地质勘探等。

1.1 无人机起源与发展

　　以全新视角俯瞰地球的渴望一直是推动人类历史前进最强大的动力之一，在有人机出现之前，人类对无人驾驶飞机的探索可以说是真正推动这一梦想实现所迈出的第一步。在世界各国的历史中，前瞻性的先人都描述了自己对未来的展望，并以他们自己的方式，开始为后代描绘未来发展的路线图，以探索和指明通往更大成功的宏伟道路。从我国古代风筝飞上蓝天，到世界上第一个热气球的产生，这些技术都被无人飞行器利用起来，为后来有人机的发展铺平了道路。在有人机相关系统发展的推动下，加上电子系统技术的进步，使自动化集成成为可能，而自动化集成技术反过来又提升了有人机和无人机的性能。

　　无人机的诞生可以追溯到第一次世界大战。1914 年，英国的卡德尔和皮切尔两位将军，向英国军事航空学会提出了一项建议，研制一种不用人驾驶，而仅用无线电操纵的向敌方目标投弹的小型飞机。这项建议很快得到当时英国军事航空学会理事长戴·亨德森爵士赏识，并指定由 A. M. 洛教授负责研制。A. M. 洛教授于 1916 年研制出了"空中目标（Aerial Target）"无人飞行器，但由于试飞失败，"空中目标"无人飞行器并没有真正用于第一次世界大战。

　　1916 年末，随着战争在欧洲迅速蔓延，美国海军开始资助埃尔默·斯佩里开发无人操纵的航空鱼雷。埃尔默·斯佩里组建了一个团队，应对当时最艰巨的航空航天任务。根据海军合同，埃尔默·斯佩里将制造出一种小型的轻量级飞机，这种飞机可以在没有飞行员的情况下自行发射，并在无人驾驶下飞到 1 km 外的目标处，在足够近的地方引爆弹头，从而有效打击军舰。1917 年，这些不同的技术开始被整合在一起，埃尔默·斯佩里的儿子劳伦斯·斯佩里组织在纽约长岛进行飞行测试。斯佩里团队在 1918 年成功发射无人操作的 Curtis 航空鱼雷原型机，该机稳定飞行了约 1 km 的航程，并在预定的时间和地点俯冲向目标，然后返回并着陆。这是世界上第一个真正意义上的无人驾驶系统。

随后查尔斯·凯特琳设计了一种轻型双翼木制空投鱼雷飞机（图 1-1），该飞机结合了有人机中不强调的空气动力学静态稳定特征，如增大主机翼的上反角以增加飞机的侧倾稳定性，但代价是机体变得更加复杂，同时牺牲了部分机动性。福特汽车公司也被指定为该飞机设计一种新的轻型 V-4 发动机。这架轻型双翼飞机的起落架跨度很宽，有效防止了飞机着陆时侧翻。为了进一步降低成本，突出无人机的一次性使用特点，机身在传统布料的基础上加入了纸板和纸箱皮。该无人机还采用了一种带有不可调节全节流阀调整的弹射系统。

图 1-1　木制空投鱼雷飞机

20 世纪 30 年代，英国皇家海军研制了一种"蜂王（The Queen Bee）"无人机（图 1-2），该无人机巡航速度 160 km/h，用于飞行员打靶练习。蜂王无人机的发明，使无人机能够回到起飞点，使这项技术更具有实用价值。其最高飞行高度 17 000 英尺（约合 5 182 m），最高航速每小时 100 英里（约合 160 km），在英国皇家空军服役到 1947 年。"蜂王"无人机的问世是无人机真正开始的时代，可以说是近现代无人机历史上的鼻祖。随后无人机被运用于各大战场，执行侦察任务。然而由于当时的科技比较落后，无法出色完成任务，所以逐步受到冷落，甚至被军方弃用。

图 1-2　"蜂王"无人机

在第二次世界大战中，德国实施了一项"复仇武器 1（The Revenge Weapon 1）"项目，专门用于对付非军事目标，其中最出名的是 V-1 无人机（图 1-3），翼展 6 m，机身长度 7.6 m，巡航速度 804 km/h，作战半径 241 km，可携带 907 kg 炸弹。V-1 无人机曾在英国造成 900 位平民死亡和 35 000位平民受伤。

美国第一架无人机系统出现在 1959 年，当时简称 RPV，这是美国空军为了减少飞行员损失而实施的一项秘密计划，该计划因 1960 年被苏联击落一架 U2 无人机而得以公开。随后，美国实施了代号"红色马车（Red Wagon）"高级无人机项目。1964 年在美国与越南北部之间的

图1-3 V-1无人机

北部湾海战中，"红色马车"首次参战。1973年第四次中东战争，叙利亚的导弹给以色列飞行员造成了重大威胁。以色列从美国获得了莱恩"火蜂（Ryan Firebees）"无人机（图1-4）用于诱发埃及的防空导弹，

图1-4 "火蜂"无人机

并取得了很好的诱骗效果。之后，以色列加强了无人机的研制，并取得长足发展，在 1982 年黎巴嫩战争中，以色列实现了飞行员零伤亡。

D-21 无人侦察机（图 1-5）从 1962 年 10 月开始研发，是美国空军所使用的一款三倍音速长程战略侦察机，取代原先的 A-12 侦察机。D-21 无人侦察机采用了当时世界最先进的整体式冲压发动机，速度高达 3 560 km/h，升限高达 30 000 m。在 20 世纪 70 年代初期，包括美国自身在内，任何防空武器都无法击落该机。

图 1-5　D-21 无人侦察机

20 世纪 80 年代和 90 年代，无人机技术进入完善和小型化阶段。期间，以色列无人机技术得到美国国防部认可，美国海军采购的以色列"先锋（Pioneer）"无人机（图 1-6）为固定起落架式，在两个尾翼之间装有 21 kW 的双缸汽油引擎，螺旋桨驱动方式；该机宽 5.15 m、长 4.27 m，最大起飞重量 204 kg，可以以 120 km 的时速巡航 185 km，滞空时间 3.5~4 h。该无人机在 1991 年海湾战争中得到了应用，主要任务是给战术指挥官提供特定目标或战场实时图像。尽管红外图像使"先锋"在夜间的作战飞行更有效,但是彩色电视证明更有用。这种传感器使分析员更容易识别目标。

图1-6 先锋无人机

随后,无人机已从最初的实时监视用无人机发展到无人作战用无人机,其中最具代表性的当属通用原子公司的MQ-1"捕食者(Predator)"和MQ-1"全球鹰(Global Hawk)"无人机。"捕食者"(图1-7)的航

图1-7 MQ-1"捕食者"无人机

程达 3 704 km，巡航速度为 130~165 km/h，实用升限 7 620 m，装备地狱火导弹，可以摧毁任何被其锁定的目标。

与"捕食者"不同，"全球鹰"（图 1-8）是真正意义上的侦察无人机，虽然不具备攻击能力，但是"全球鹰"的航程 25 000 km，航速达 650 km/h，实用升限 20 000 m，滞空时间 41 h，可实现洲际航行。它装备有高分辨率合成孔径雷达，可以看穿云层和风沙，还有光电红外线模组（EO/IR）提供长程长时间全区域动态监视。全球鹰几乎全自主运行，用户只需点击"起飞"和"着陆"按钮，无人机通过 GPS 自主导航和通信卫星实时回传自身方位信息。

图 1-8　MQ-1"全球鹰"无人机

此外，还有一些无人机朝着微型化方向发展，它们可以从手中掷出，可以在城市街区自由飞行，这类无人机被称为"乌鸦（Ravens）"。"乌鸦"无人机（图 1-9）在局部战争地区如伊拉克，特别有用，能及时发现隐藏在街区中的敌人和埋伏。

进入 21 世纪后，无人机技术进入大发展和广泛应用阶段，据统计，截至 2013 年，至少有 50 多个国家在使用无人机，除美国、俄罗斯、欧

图1-9 "乌鸦"无人机

洲国家之外，相当一部分国家具有自主生产能力，例如，伊朗、以色列和中国。翼龙系列无人机（图1-10）是我国成都飞机设计研究所研制

图1-10 翼龙无人机

的一系列侦察打击一体化多用途无人机。翼龙系列无人机主要负责执行侦察、监视和对地打击等任务，具有全自主水平起降和巡航飞行能力、空地协同能力、地面接力控制能力，可按需装载多型光电/电子侦察设备以及小型空地精确打击武器。

对于民用领域，无人机仅仅是一个飞行平台，其功能归根结底要通过机载系统中的任务载荷设备来完成。近年来，受益于无人机各方面技术的成熟和成本的大幅下降，消费端航拍、娱乐等市场火热，实现了爆发式发展。深圳市大疆创新科技有限公司成立于2006年，已发展成为全球民用无人机市场引领者。大疆的业务从无人机系统拓展至多元化产品体系，从第一代飞控系统到无人机系统和手持影像系统，消费级无人机产品已远销超过106个国家和地区。旗下的无人系统，如御Mavic系列、悟Inspire系列、晓Spark系列和精灵Phantom系列；手持影像系统，如灵眸Osmo系列和如影Ronin系列，以及配套的DJI FPV系列和相机云台系列，另外，还有MG农业植保机系列和经纬Matrice飞行平台系列等，产品覆盖了电子消费、摄影器材、户外运动、百货家电、玩具潮品、电信运营等众多渠道。2010年仅几百万收入，2013年高达8亿元，2014年近30亿元。总的来说，未来无人机将朝着以下4个方向发展：一是隐身化、数字化；二是小型化、智能化、通用化；三是向高消费比、攻防兼备方向发展，无人机的造价和损耗以及维护费用将会大大降低；四是向攻击型和杀伤型无人机转变，无人机可以携带攻击性武器对纵深之敌和地面目标进行攻击，可以攻击空中的其他飞行器，能够执行现有轰炸机、战斗机、武装直升机和巡航导弹的任务，成为一种新型精确打击武器系统。

1.2 无人机技术应用现状与趋势

1.2.1 军用无人机发展趋势

近年来，随着军用无人机在世界范围内的几场局部战争被大量地使用，而且战功卓著，因此大力发展军用无人机已成为世界各军事大国发展武器装备的共识。可以预见的是，未来军用无人机的发展正呈现出以下几个趋势。

（1）机体小型化，机身隐身化。未来战场上，哪一方的无人机隐身程度越高，其战场生存能力就越强，减少自我伤亡和实现战术意图的可能性也就越高。因此未来新型无人机将采用最先进的隐身技术。一是采用复合材料、雷达吸波材料和低噪声发动机。二是采用限制红外反射技术。在无人机表面涂上能吸收红外线的特制漆和在发动机燃料中注入防红外辐射的化学制剂，雷达和目视侦察均难以发现采用这种技术的无人机。三是减少表面缝隙。采用新工艺将无人机的副翼、襟翼等都制成综合面，进一步减少缝隙，缩小雷达反射面。四是采用充电表面涂层。充电表面涂层主要有抗雷达和目视侦察两种功能。充电表面涂层还具有可变色特性，即表面颜色随背景的变化而变化。从地面往上看，无人机将呈现与天空一样的蓝色；从空中往下看，无人机将呈现出与大地一样的颜色。

小型无人机的尺寸为1~3 m，超小型无人机为0.15~1 m，而微型无人机一般小于0.15 m，小型无人机由于体积小、巡航时间和任务载荷都十分有限，但是成本低、重量轻、运动灵活和易于携带，非常适合局部战场,特别是城市街区单兵携带对重点目标发起单次,甚至是自杀式攻击。尤其适合小范围反恐侦察、拯救人质、斩首行动、破坏小型重要军事目标等,例如前文提到的"乌鸦"就属于这一类。

(2)传感器综合化,机载设备模块化。在瞬息万变的战场上,敌方目标可能和大量的伪装混杂在一起,也有可能潜伏在地下掩体中,也许一直处在不断的运动中,或是利用夜间的黑暗隐藏自己,这就要求未来无人机具备红外、可见光、合成孔径雷达、夜视仪等多源传感器综合化、集成化的能力,才能有效地识别敌方目标,提高无人机执行任务的成功率。军用无人机发展使机载设备日趋多样化和复杂化,对于不同类型的任务飞行,需要灵活搭载不同的机载设备,例如只是侦察飞行任务,就需要尽量多搭载侦察设备,而减少武器装备的搭载,甚至不携带武器装备。这就需要军用无人机的有效载荷按照一定的规范实现模块化,可根据实际需求方便地搭载各种装备。

(3)高空长航时,高航速。一方面,高空长航时、高航速的无人机以其较高的生存力和高效的侦察能力将使其应用范围不断得到扩大。美国先进材料、结构和航空委员会认为,未来军用无人机在20 000 m以上飞行将不会受到限制。高空长航时、高航速的军用无人机将会成为联合作战指挥平台中的一个重要组成部分。另一方面,随着无人机在战场上的广泛应用,反无人机等拦截系统应运而生,而提高军用无人机的飞行高度和速度是降低反无人机等拦截武器概率的主要途径之一。

(4)无人作战飞机。未来的军用无人机从只提供战场侦察情报和战场辅助攻击的有限用途和单一角色向跟踪侦察、定点清除、辅助攻击等全方位参加战斗发展,逐步替代有人驾驶飞机,减少己方人员的伤亡,未来的空战极有可能是无人机与无人机的对决。

1.2.2 民用无人机应用现状

近年来，民用无人机队伍伴随着军用无人机的发展而迅速壮大，应用领域逐渐从应急管理及灾害监视、资源普查、农业病虫害普查、线路巡检等定性的遥感动态监测到高分辨率正射影像制作、大比例尺地形图绘制等定量的摄影测量发展。国内遥感工作者在 2002 年前后开始尝试民用无人机在测绘领域的应用，其中，中国测绘科学研究院、解放军信息工程大学、武汉大学等多家高校和科研院所先后都完成了相关实验区的测试论证工作。具有代表性的如下。

马轮基（2004）对广西壮族自治区贵港市桂平市蒙圩镇洪涝区开展无人机遥感调查。飞行高度 1 100 m，拍摄航带为南北向，实际摄影面积约 15 km²，获取照片 115 张。对图像进行处理后，得到了洪涝区、退水区、非洪涝区等信息的遥感解译图。随后，基于中国气象局气象新技术推广项目"自控微型无人驾驶飞机遥感试验"的研究成果，搭载 EOS300D 型数码照相机的无人机，对广西壮族自治区武鸣县（今武鸣区）进行土地资源调查，得到约 20 km² 的武鸣县城区土地利用遥感图。经实地取样测量检验定位中误差 1 m，最大误差 2 m，水平方向上长度变形小于 1%，基本没有角度变形。马轮基项目组初步探索证明无人机可以用于遥感应用，但距摄影测量的要求还有一定差距。

崔红霞、林宗坚等（2005）为了满足遥感应用对大比例尺、高分辨率的低空数字航空影像的需求，研制了无人机遥感监测系统 UAVRS-Ⅱ。该无人机 300 m 定高飞行完成了 10 km² 的航空摄影任务。应用自行编制的无人机影像后处理软件对实验区的影像进行了图像后处理。以其中的一个像对的处理结果为例，像对定向的上、下视差中误差为 0.008 像素，最大误差为 0.019 像素；本像对的绝对定向的平面中误差 0.111 mm，高程中误差 0.117 mm。同时指出小型无人机姿态受空中气流影响大，易产生大角度和航摄漏洞问题，现有空三软件不再适用和非量测型相机必须检校等问题。

吴云东、张强（2006）选用 Yamaha Rmax 无人直升机和 EOS-1 Ds Mark Ⅱ数字相机配合完成河南省驻马店市北面高新技术开发区测区约 20 km²1∶1 000标准分幅的地形图和全区域正射影像图。在保证航摄重叠和姿态的要求下，全区域划分成 24 个子区域，共计 16 条航线，每条线 24 片，共 384 片。经过航空摄影，获得影像清晰、色彩均匀、无航摄漏洞的影像 384 幅，航向重叠度、旁向重叠度 100%合格，最大像片倾斜角 2°，最大旋偏角 5°，航线的弯曲度小于 1%，最大航高差 1 m，各项指标全部符合规范要求。测图定向采用全野外控制，共均匀布设 300 个控制点。为了检测精度，均匀选用其中 130 个点作为检查点，采用空三加密检查点的内业坐标。结果发现，本次实验采用世界领先产品的直升机平台和飞控系统，大角度问题和航摄漏洞问题解决得较好，由于没有三轴自稳定平台，在强风干扰下，飞行平台为保持平衡，会主动倾斜一个较大角度，偶尔出现航摄漏洞问题，解决的方法只有多次飞行。

郑团结、王小平等（2006）基于航空摄影技术规范，应用西安大地测绘公司无人机数字航空摄影系统，使用美国 AP50 自驾仪系统，完成了自动驾驶实验、超视距飞行实验、飞行控制实验、发动机空中停车紧急处理实验、抗干扰实验等，先后完成了浐灞三角洲 20 km²、山西矿山 10 km² 等测区航摄生产任务。所用无人机翼展 2.7m，机长 2 m，有效载荷 3~5 kg，最大平飞速度 160 km/h，巡航速度 100~130 km/h，失速速度 55 km/h，续航时间 1 h，实验证明无人机航空摄影系统可以满足成图比例尺为1∶1 000的航空摄影要求。

李兵、岳京宪、李和军（2009）阐述了应用无人机摄影测量技术建立航空摄影测量系统的关键技术与方法。使用国外无人机平台完成位于北京市海淀区北安河乡，面积为 1.5 km² 的实验区，共 7 条航线，56 个像对。摄影比例尺 1：10 000，试验成果的精度检验与分析得出平面中误差为±0.246 m。

吴云东、张强（2009）使用自主研制的双翼无人机系统，搭载北京航空航天大学的 iFly40 自驾仪系统，在黄河小浪底配套工程、武广铁路客运专线广州新客站、丹江口水库汉墓考古等航空摄影测量工程中得到了成功应用。例如，武广铁路客运专线广州新客站实验区位于广东省广州市番禺区钟村和石壁村之间。此次航测范围总面积为 9 km²，飞行高度约 118 m，获取地面分辨率为 5 cm，840 幅影像。航向重叠度、旁向重叠度 100%合格，最大像片倾斜角 2°，最大旋偏角 5°，航线的弯曲度小于 1%，最大航高差 3 m。定向点和检查点均为全野外控制，经畸变差改正后的影像，单像对绝对定向后检查点精度统计结果满足 1：1 000 比例尺成图的要求。iFly40 自驾仪系统系我国自行研制的一款通用无人机自驾仪系统，性价比较高，控制效果较好。但是由于其控制系统采用的是经典 PID 控制器，调整参数比较烦琐，需要每次任务飞行前，先飞调整航线，人工设定 PID 参数，如果在任务飞行时，出现天气变化，控制效果会明显下降，不能保证航线平直度和过摄站精度。

杨瑞奇、孙健、张勇等（2010）使用"华鹰"无人机数字航摄系统完成位于陕西省宝鸡市凤翔县（今凤翔区）境内面积约 11 km² 的实验区，共 10 条航线，每条航线 43 片，航高 650 m。矢量图上对 40 个野外实测点进行了精度检测，实测点统计的中误差为 0.26 m，本次无人机数字航摄系统的航测试验结果完全满足平坦地区 1：2 000 地形图规范要求，同时论证了本系统在航测实践中的可行性。此次实验采用的有人轻型飞机，对场地、天气和空管都有严格要求，不适于大面积推广。

王志豪、刘萍（2011）采用135画幅CCD民用数码相机，以自行设计无人飞行器为平台进行相对航高为470 m的航摄作业，通过检校标定成像结果为平面精度±0.323 m，高程精度±0.586 m，可以满足1:1 000地形图测图的平面精度要求。他们发现自行设计的无人机在本次试验任务中出现了飞行平台的不稳定性造成的影像姿态角超限，在后续的工作中应当提高飞行器平台的稳定性。同时发现了非量测型相机的局限，由于非量测型内方位和畸变差未知，影响空间几何精度；相机的幅面过小会出现摄影漏洞；基高比小直接影响高程精度。

国外民用无人机遥感工作起步比国内略早，研究的主要领域为遥感应用，例如，Henri Eisenbeiss应用航模直升机进行摄影测量的方法研究；Johnson & Herwitz利用小型无人机获取超高分辨率RGB影像；Henri Eisenbeiss & Li Zhang利用地面激光扫描仪与微型无人机分别获取相同地物影像，然后分别提取DSM，比较两者的高程精度；Jang, Ho Sik, Lee & Jong Chool利用遥控直升机进行近景摄影测量；Eugster & Nebiker微型专注于无人机视频数据获取与处理；Eugster & Nebiker把微型无人机应用于地理信息系统与虚拟地球；Civil UAV Assessment Team阐述了无人机在对地观测系统中的作用；Kishore C. Swain, Jayasuriya & Salokhe介绍了低空无人直升机系统的集成与摄影测量技术；Paul J. Pinter, Jr., Jerry L. Hatfield研究农作物管理与遥感的关系；Herwitz & Johnson太阳能无人机多光谱传感器用于种植园航空摄影；Ryo Sugiura & Noboru Noguchi专注于无人直升机植被检测技术；Archer, Shutko1 & Coleman提出了一个微波自主飞行系统，这个系统目前正在美国阿拉巴马州大学水文、土壤气候和遥感中心研究应用，一个L波段（1.4-GHz）水平极化的辐射计是MACS的主要传感器，这个系统主要用来监测地物变化、土壤墒情和植被覆盖；Lee A. Vierling & Mark Fersdahl 介绍了一种新的遥感系统 SWAMI（Short Wave Aerostat - Mounted Imager）获取视频和高光谱数据用于基础遥感，SWAMI 可以飞到 2 km 高度实现近地遥感，它包含浮空器、高光谱成型仪、摄像机、热红外传感器和气象传感器，所有的遥感数据通过无线传输到达地面。Haarbrink & Koers 与荷兰政府合作，利用装有自驾仪的无人直升机搭载已检定的相机或摄像机用于突发事件应急处置。飞行高度 100 m，旁向重叠 30%，航向重叠 60%，GSD 为 2 cm，单片覆盖 80 m×60 m。飞行数据使用空三、区域网平差、图像匹配等流程生成正射影像和三维立体模型。同时使用地面控制点验证该系统的 GPS/IMU 数据，精度优于 0.3 m。Rock，Ries & Udelhoven T 等研究评估了无人机捕获的航空图像用于摄影测量处理的潜力。试验场放置 1 042 通过全站仪测量的地面控制点作为用于高精度摄影测量处理的基准数据和用于评估的 DEM 的精度，此外，机载激光雷达数据集覆盖整个试验场和额外的 2 000 基准点，被用来作为地面真实数据。MAVinci 无人集成自驾仪且机搭载了佳能 300D 的成像系统。最终实验表明通过摄影测量提高机载激光雷达数据的精度为 0.05 m（CEP64）。Carvajal，Agüera & Pérez 使用小型无人机开发一种准确、低成本的方法来描述位于西班牙阿尔梅里亚省的道路的规模滑坡，使用一台已检定 12 万像素的素宾得 A40 拍摄图像，所有图像的航向重叠率 85%，旁向重叠率为 60%，航高为 50 m。实验表明该方法的平面精度为 0.049 m，高程精度 0.108 m。

参考文献

淳于江民，张珩，2005. 无人机的发展现状与展望 [J]. 飞航导弹

（2）：23－27.

崔红霞，林宗坚，孙杰，2005. 无人机遥感监测系统研究［J］. 测绘通报（5）：11－14.

崔红霞，孙杰，林宗坚，等，2005. 非量测数码相机的畸变差检测研究［J］. 测绘科学，30（1）：105－107.

法斯多姆（Fahlstrom P. G.），吴汉平，2003. 无人机系统导论［M］. 2版. 北京：电子工业出版社.

郭宝录，李朝荣，乐洪宇，2008. 国外无人机技术的发展动向与分析［J］. 舰船电子工程，（28）9：46－49，112.

国家测绘局，2010. 无人机航摄安全作业基本要求：CH/T 3001—2010［S］. 北京：测绘出版社.

韩杰，王争，2008. 无人机遥感国土资源快速监察系统关键技术研究［J］. 测绘通报（2）：4－6.

胡中华，赵敏，2009. 无人机研究现状及发展趋势［J］. 航空科学技术（4）：3－5.

李兵，岳京宪，李和军，2008. 无人机摄影测量技术的探索与应用研究［J］. 北京测绘（1）：1－3.

李德仁，李明，2014. 无人机遥感系统的研究进展与应用前景［J］. 武汉大学学报（信息科学版），39（5）：505－513.

李磊，熊涛，胡湘阳，等，2010. 浅论无人机应用领域及前景［J］. 地理空间信息，8（5）：7－9.

刘洪成，2011. 无人机载双拼组合宽角相机影像数据处理方法研究［D］. 青岛：山东科技大学.

吕厚谊，1998. 无人机发展与无人机技术［J］. 世界科技研究与发展（6）：113－116.

吕书强，晏磊，张兵，等，2007. 无人机遥感系统的集成与飞行试验研究 ［J］. 测绘科学，32（1）：84-86.

MARTIN SIMONS（著）. 肖治垣，马东立（译），2007. 模型飞机空气动力学 ［M］. 北京：航空工业出版社.

马轮基，马瑞升，林宗桂，等，2005. 微型无人机遥感应用初探 ［J］. 广西气象，26（增刊D）：180-181.

马永政，2009. 无人低空遥感系统的设计与实现 ［D］. 郑州：解放军信息工程大学.

秦明，朱会，李国强，2007. 军用无人机的发展趋势 ［J］. 飞航导弹（6）：36-38.

REG AUSTIN（著）. 陈自力，董海瑞，江涛（译），2013. 无人机系统：设计、开发与应用 ［M］. 北京：国防工业出版社.

SINGH，NEERAJ KUMAR SINGH，NEERAJ KUMAR，et al.，2022. 无人机系统设计：工业级实践指南 ［M］. 北京：机械工业出版社.

速云中，凌培田，2022. 无人机测绘技术 ［M］. 武汉：武汉大学出版社.

童玲，2023. 无人机遥感及图像处理 ［M］. 成都：电子科技大学出版社.

王小平，唐剑，郑团结，2006. 微型无人数字航空摄影系统的设计与实践 ［J］. 测绘技术装备，8（1）：39-42.

王月，2022. 长航时轻型固定翼遥感无人机设计与实验研究 ［D］. 长春：吉林大学.

王之卓，2007. 摄影测量原理续编 ［M］. 武汉：武汉大学出版社.

王志豪，刘萍，2011. 无人机航摄系统大比例尺测图试验分析 ［J］.

测绘通报（7）：7.

吴道明，刘霞，2022. 无人机操控技术［M］. 北京：机械工业出版社.

吴云东，张强，2009. 立体测绘型双翼民用无人机航空摄影系统的实现与应用［J］. 测绘科学技术学报，26（3）：161-164.

吴云东，张强，王慧，等，2007. 无人直升机低空数字摄影与影像测量技术［J］. 测绘科学技术学报，24（5）：328-331.

杨瑞奇，孙健，张勇，2010. 基于无人机数字航摄系统的快速测绘［J］. 遥感信息（3）：108-111.

袁修孝，李德仁，1997. GPS 辅助空中三角测量的若干探讨［J］. 测绘学报，26（1）：14-19.

甄云卉，路平，2009. 无人机相关技术与发展趋势［J］. 兵工自动化，28（1）：14-16.

郑团结，王小平，唐剑，2006. 无人机数字摄影测量系统的设计和应用［J］. 计算机测量与控制，4（5）：613-615.

中华人民共和国自然资源部，2021. 低空数字航空摄影规范：CH/T 3005—2021［S］. 北京：测绘出版社.

周金宝，2022. 无人机摄影测量［M］. 北京：测绘出版社.

朱宝鎏，2006. 无人飞机空气动力学［M］. 北京：航空工业出版社.

邹晓亮，2011. 车载测量系统数据处理若干关键技术研究［D］. 郑州：解放军信息工程大学.

BARFIELD A F, HINCHMAN J L, 2005. An Equivalent Model for UAV Automated Aerial Refueling Research［C］. AIAA Modeling and Simulation Technologies Conference and Exhibit, San Francisco, California, USA, AIAA, 6006.

BROWN D C, 1971. Close range camera calibration [J]. Photogrammetric Engineering, 37 (8): 855-866.

CARAFANO J'J, GUDGEL A, 2007. The Pentagon's Robots: Arming the future [J]. The Heritage Foundation: Backgrounder, 2096: 1-6.

DEGARMO M T, 2004. Issues concerning integration of unmanned aerial vehicles in civil airspace [R]. Virginia: Engineering, Environmental Science.

FAIG W, 1975. Calibration of close-range photogrammetric systems: mathematical formulation [J]. Photogrammetric Engineering & Remote Sensing, 41 (12): 1479-1486.

HERRICK K, 2000. Development of the unmanned aerial vehicle market: forecasts and trends [J]. Air & Space Europe, 2 (2): 25-27.

ISPRS, 2004. Approved Resolutions of the XXth ISPRS Congress - Istanbul 2004 [R]. Istanbul.

MANTAU A J, WIDAYAT I W, KPPEN M, 2022. A Genetic Algorithm for Parallel Unmanned Aerial Vehicle Scheduling: A Cost Minimization Approach [C] //Advances in Intelligent Net Conkhg and Collaborative Systems Spring.

NOGAMI J, PHUON D, KUSANAGI M, 2002. Field Observation using flying platforms for remote sensing education [C]. Asian Conference of Remote Sensing.

SINGER, PETER W, 2009. A Revolution Once More: Unmanned Systems and the Middle East [M]. The Brookings Institution.

STACY J S, CRAIG D W, STAROM LYNSKA J, et al., 2002. The Global Hawk UAV Australian deployment imaging radar sensor modifications and employment for maritime surveillance [C]. Toronto: IEEE Zntemational Geoscience and Remote Sensing Sumposium.

YANG K, ZHANG S, YANG X, et al., 2022. Flood Detection Based on Unmanned Aerial Vehicle System and Deep Learning [J]. Complexity (5): 1-9.

2 无人机系统组成

无人机系统是无人机及与其配套的通信站、起飞（发射）回收装置以及无人机的运输、储存和检测装置等的统称。无人机系统一般由无人驾驶飞行器、载荷传感器、控制单元和通信系统组成，军用无人机系统还包括武器系统等其他组成部分。当前无人机相关技术飞速发展，无人机系统种类繁多、用途广、特点鲜明，致使其在尺寸、质量、航程、航时、飞行高度、飞行速度、任务等方面都有较大差异。由于无人机的多样性，标准不同，其分类方法也不同。

按无人飞行器构造分类，无人机可分为固定翼无人机、旋翼无人机、无人飞艇、伞翼无人机、扑翼无人机等。

按用途分类，无人机可分为军用无人机和民用无人机。军用无人机可分为侦察无人机、诱饵无人机、电子对抗无人机、通信中继无人机、无人战斗机以及靶机等；民用无人机可分为巡查/监视无人机、农用无人机、气象无人机、勘探无人机以及测绘无人机等。

民用无人机分为微型、轻型、小型、中型、大型 5 个等级。其中，微型无人机，是指机身重量小于 0.25 kg，具备高度保持或者位置保持飞行功能，设计性能同时满足飞行高度不超过 50 m、最大平飞速度不超过 40 kg/h、无线电发射设备符合微功率短距离无线电发射设备技术要求的遥控航空器。轻型无人机，是指同时满足空机重量不超过 4 kg，最大起飞重量不超过 7 kg，最大平飞速度不超过 100 kg/h，具备符合空域管理要求的空域保持能力和可靠被监视能力的遥控飞行器，但不包括微型无人机。小型无人机，是指机身重量不超过 15 kg 或者最大起飞重量不超过 25 kg 的遥控航空器或者自主航空器，但不包括微型、轻型无人机。中型无人机，是指最大起飞重量超过 25 kg 不超过 150 kg，且空机重量超过 15 kg 的遥控航空器或者自主航空器。大型无人机，是指最大起飞重量超过 150 kg 的遥控航空器或者自主航空器。

按飞行路径分类，无人机可分为超近程无人机、近程无人机、短程无人机、中程无人机和远程无人机。超近程无人机活动半径在 15 km，近程无人机活动半径在 15~50 km，短程无人机活动半径在 50~200 km，中程无人机活动半径在 200~800 km，远程无人机活动半径大于 800 km。

按任务高度分类，无人机可以分为超低空无人机、低空无人机、中空无人机、高空无人机和超高空无人机。超低空无人机任务高度一般在 0~100 m，低空无人机任务高度一般在 100~1 000 m，中空无人机任务高度一般在 1 000~7 000 m，高空无人机任务高度一般在 7 000~18 000 m，超高空无人机任务高度般大于18 000 m。

2.1 无人机飞行器

无人机飞行器分系统主要包括机体、动力装置、飞行控制与管理设备等设备，无人机飞行器主要分为固定翼无人机、旋翼无人机，这两类无人机飞行器是现今的应用研究热点。

2.1.1　旋翼飞行器

旋翼飞行器是指用无动力驱动的旋翼提供升力、重于空气的飞行器。由推进装置提供推力前进，推进装置有螺旋桨。前进时气流吹动旋翼而产生升力，它不能垂直起飞或悬停，常在起飞时还要给旋翼一个初始动力，使旋翼的升力增加。借助于旋翼可做近似垂直的降落。旋翼使结构变得复杂，速度提高受到限制。旋翼机适合在近地面环境中飞行，在环境监测、搜寻营救、航拍监控、资源勘探、线路巡检、森林防火等方面具有广泛的应用前景；在军用方面，既能执行各种非杀伤性任务，又能执行各种软硬杀伤性任务，包括侦察、监视、目标截获、诱饵、攻击等。与此同时，它还是火星探测无人飞行器的重要研究方向之一。具体而言，旋翼机具备如下特点。

（1）体积小、重量轻且隐蔽性好，能够适应多种平台和空间，起降灵活，无须弹射架或者发射架进行发射。

（2）结构简单、成本低且安全性能好，拆卸非常方便，维护起来相对容易。

（3）具有极强的机动性能，能够执行更多的特种任务；飞行高度低，能够提供实时准确的目标探测信息。

2.1.2　固定翼飞行器

固定翼飞行器是指由动力装置产生前进的推力或拉力，由机身的固定机翼产生升力，在大气层内飞行的重于空气的航空器。固定翼无人机是机翼外端后掠角可随速度自动或手动调整的机翼固定的一类无人机。

因其优良的功能、模块化集成，现已广泛应用在国土测绘、地质、石油、农林等行业，具有广阔的市场应用远景。

一般的固定翼无人机系统由 5 个主要部分组成：机体结构、航电系统、动力系统、起降系统和地面控制站。机体结构由可拆卸的模块化机体组成，既方便携带，又可以在短时间内完成组装、起飞。航电系统由飞控电脑、感应器、无线通信、电池等组成，完成飞机控制系统的需要。动力系统由动力电池、螺旋桨、无刷马达组成，提供飞机飞行所需的动力。起降系统由弹射绳、弹射架、降落伞组成，帮助飞机完成弹射起飞和伞降着陆。地面控制站包括地面站电脑、手柄、电台等通信设备，用以辅助完成路线规划任务和飞行过程的监控。

2.2　无人机传感器

无人机的传感器主要用于获取地面和飞行时的相关数据，包括高度、速度、温度、气压、位置信息等，传感器将数据反馈给飞控系统，使无人机能够更加准确地获取和响应操作环境的变化，以控制和完成任务目标。无人机传感器装载在任务载荷上，任务载荷搭载不同类型的传感器用于获取不同的地面和飞行数据。

无人机的任务载荷的快速发展极大地扩展了无人机的应用领域，无人机根据其功能和类型的不同，其上装备的任务载荷也不同。任务载荷一般与侦察监视、武器投射、通信、空中感知、货物投送等任务相关。无人机系统常常是围绕即将搭载的任务载荷而设计的。一些无人机有多个任务载荷，任务载荷的尺寸和重量是设计无人机时需要考虑的重要因素。大多数消费级小型无人机平台要求任务载荷要小而轻便，部分小型无人机系统的制造商则要求无人机构造能够适应可互换任务载荷。

就侦察监视和空中感知用途而言，任务载荷即为传感器，其形式根据具体任务不同而有所差异，包括光电照相机、红外照相机、光谱传感器、合成孔径雷达和激光测距仪等。光学传感器组件的安装方式有两种：一种是永久安装在无人机系统上，这时传感器操作员看到的视角是固定不变的；另一种是安装在一个类似于云台的安装系统上。云台给了传感器一个预定的活动范围，部分云台配备震动隔离装置，以降低飞机震动对传感器的影响，一般采用弹性/橡胶安装装置和电子陀螺稳定系统，可以起到震动隔离作用。

2.2.1　光电/红外照相机

光电照相机可以使用电子设备对图像进行旋转、缩放和聚焦，在可见光波段，无人机上搭载的光电照相机一般为数码照相机，光电照相机通常在白天使用，获取地面可见光照片或视频。红外照相机在电磁光谱的红外波段范围内（700~1 000 nm）工作。红外照相机（IR）利用红外波或热辐射成像。

2.2.2　光谱传感器

光谱传感器一般分为多光谱传感器和高光谱传感器，目前在农业、林业上广泛应用于监测植被生长状况。在与植被有关的应用中，最常用的波长为蓝/绿/红可见光波段（450~690 nm）、红外波段（IR，700~1 000 nm）。红外波段又可分为近红外（NIR，0.8~2.5 μm）、短波红外（SWIR，0.9~1.7 μm）、中波红外（MWIR，3~8 μm）、长波红外（LWIR，8~15 μm）和远红外（FIR，15~1 000 μm）。此外，紫外线

（UV，100~400 nm）也能在这类应用中发挥作用，当然还有许多其他波段可以用于研究。从事农业和植物应用的研究人员，经常研究植物吸收或反射光波能量值，并加以分析得到所需信息，从而确定植物的健康状态。归一化差异植被指数（NDVI）是研究人员最常用的植被指数，用于指示植物的生长状况，其计算公式为NDVI=（近红外波段测值-红色波段测值）/（近红外波段测值+红色波段测值）。目前，越来越多的无人机传感器制造商开始开发集成可见光、多光谱、热红外的传感器，例如Altum公司生产的Altum多光谱相机（图2-1），是新型的三合一的多光谱兼热成像相机——包含多光谱、热成像、可见光（RGB），这款是新的光照传感器，拥有5个独立的成像器，分别配上特制的滤光片，能让每个成像器接收到波长范围的光谱。

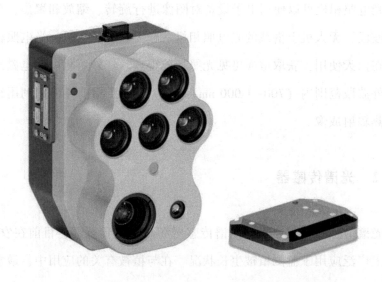

图2-1　Altum三合一多光谱相机（多光谱/可见光/热成像）

2.2.3 合成孔径雷达（SAR）

合成孔径雷达在夜间和恶劣气候时能有效地工作，它能够穿透云层、雾和战场遮蔽，以高分辨率进行大范围成像。目前，轻型天线和紧凑的信号处理装置的发展以及成本的降低，使合成孔径雷达已经能够装备在战术无人机上。

合成孔径雷达（SAR）最早一般安装在卫星和有人驾驶的飞机上，其系统组成复杂，成本很高，重量和体积也较大，限制了 SAR 在小型飞行平台上的应用。无人机载 SAR 可以方便深入敌后，实现战场实时态势的获取，能够全天时全天候对重点军事目标进行侦察、截获、识别，成为空中侦察活动不可缺少的组成部分。与此同时，它又以经济性好，使用灵活，与有人飞行平台相比不受人生理极限的限制，可在更为恶劣的环境下工作，特别是可实现零伤亡而受到各国军方的重视。小型无人机由于平台的限制，它可搭载的有效载荷在重量、体积、功耗等方面有着严格的限制。要使小型无人机或其他小型飞行平台能搭载实用化 SAR，就必须解决 SAR 的体积小、重量轻和成本低问题，即设计出适用的小型化 SAR。21 世纪以来，对于小型化、经济化、适用于无人机的高分辨率成像雷达的需求越来越多，正逐步受到各个国家越来越多的科研机构的关注。

2.2.4 激光雷达（LiDAR）

无人机机载激光雷达是一种用于地球科学、矿山工程技术领域的电子测量仪器，它的原理是发射激光束去探测到目标的位置、速度等特征，它可以获得目标的距离、方位、高度、速度、姿态，甚至都能探测到一部分形状，从而对飞机、飞行物还有其他目标，甚至包括导弹这些目标进行探测、跟踪和识别。在民用领域，其可以获取高精度点云空间三维信息，快速进行测绘、地质灾害识别、地质灾害形变监测。

2.3 指挥与控制系统

2.3.1 地面控制站

无人机控制站是指具有对无人机飞行平台和任务载荷进行监控及操纵的能力，包含对无人机发射和回收控制的一组设备。

无人机地面控制站是整个无人机系统非常重要的组成部分，是地面操作人员直接与无人机交互的渠道。它包括航线规划、任务回放、实时监测、数字地图、通信数据链在内的集控制、通信、数据处理于一体的综合能力，是整个无人机系统的"神经中枢"。地面站系统应具有以下典型特点。

（1）飞行监控。无人机通过无线数据传输链路，下传飞机当前各状态信息。地面站将所有的飞行数据保存，并将主要的信息用虚拟仪表或其他控件显示，供地面操纵人员参考。同时根据飞机的状态，实时发送控制命令，操纵无人机飞行。

（2）地图导航。根据无人机下传的经纬度信息，将无人机的飞行轨迹标注在电子地图上。同时可以规划航点航线，观察无人机任务执行情况。

（3）任务回放。根据保存在数据库中的飞行数据，在任务结束后，使用回放功能可以详细地观察飞行过程的每一个细节，检查任务执行效果。

（4）天线控制。地面控制站实时监控天线的轴角，根据天线返回的信息，对天线校零，使之能始终对准飞机，跟踪无人机飞行。

2.3.2　飞行控制器

飞行控制器就是无人机的飞行控制系统，简称无人机飞控。飞控是无人机完成起飞、空中飞行、执行任务和返场回收等整个飞行过程的核心系统，飞控对于无人机相当于驾驶员对于有人机的作用，是无人机最核心的组成部分之一。飞控一般包括传感器、机载计算机和伺服作动设备三大部分，实现的功能主要有无人机姿态稳定和控制、无人机任务设备管理和应急控制三大类。主要由陀螺仪（飞行姿态感知）、加速计、地磁感应、气压传感器（悬停高度粗略控制）、超声波传感器（低空高度精确控制或避障）、光流传感器（悬停水平位置精确确定）、定位模块（水平位置高度粗略定位），以及控制电路组成。主要的功能就是自动保持飞机的正常飞行姿态。

2.4　通信数据链系统

无人机数据链是一个多模式的智能通信系统，能够感知其工作区域的电磁环境特征，并根据环境特征和通信要求，实时动态地调整通信系统工作参数（包括通信协议、工作频率、调制特性和网络结构等）达到可靠通信或节省通信资源的目的。

无人机数据链是无人机系统的重要组成部分，是飞行器与地面指挥系统联系的纽带。随着无线通信、卫星通信和无线网络技术的发展，无人机数据链的性能也得到了大幅提高。根据射频传输方式，无人机通信数据链系统可以分为视距数据链和超视距数据链。无人机数据链按照传输方向可以分为上行链路和下行链路。上行链路主要完成地面站到无人机遥控指令的发送和接收，下行链路主要完成无人机到地面站的遥测数据以及红外或电视图像的发送和接收，并根据定位信息的传输利用上下行链路进行测距，数据链性能直接影响无人机性能的优劣。

参考文献

陈宗基，张汝麟，张平，等，2013. 飞行器控制面临的机遇与挑战［J］. 自动化学报，39（6）：703-710.

丁凤，2013. 几类欠驱动机器人系统的滑模控制与应用［D］. 武汉：华中科技大学.

法斯多姆（Fahlstrom P. G.），吴汉平，2003. 无人机系统导论［M］. 2版. 北京：电子工业出版社.

勾志阳，赵红颖，晏磊，2007. 无人机航空摄影质量评价［J］. 影像技术（2）：49-52.

李磊，熊涛，胡湘阳，等，2010. 浅论无人机应用领域及前景［J］. 地理空间信息，8（5）：7-9.

邵立周，白春杰，2008. 系统综合评价指标体系构建方法研究［J］. 海军工程大学学报（3）：48-52.

速云中，凌培田，2022. 无人机测绘技术［M］. 武汉：武汉大学出版社.

孙杰，林宗坚，崔红霞，2003. 无人机低空遥感监测系统［J］. 遥感信息（1）：49-50.

孙宁，方勇纯，2011. 一类欠驱动系统的控制方法综述［J］. 智能系统学报，6（3）：200-207.

童玲，2023. 无人机遥感及图像处理［M］. 成都：电子科技大学出版社.

王尔申，张淑芳，雷虹，等，2011. 复合材料无人机电磁兼容设计［J］. 电讯技术（11）：107-111.

王宪伦，2011. 关于无人机应用安全问题的一点探讨［J］. 测绘与空间地理信息（1）：87-88.

吴道明，刘霞，2022. 无人机操控技术［M］. 北京：机械工业出版社.

吴正鹏，奚歌，柳雨彤，等，2013. 无人机低空遥感系统传感器选型研究［J］. 城市勘测（5）：50-52.

杨爱玲，孙汝岳，徐开明，2010. 基于固定翼无人机航摄影像获取及应用探讨［J］. 测绘与空间地理信息（5）：160-162.

袁辉，胡庆武，2013. 利用低空无人机飞控数据的摄影航带全自动整理方法［J］. 测绘科学（3）：38-41.

庄宇飞，2012. 带有非完整约束的欠驱动航天器控制方法研究［D］. 哈尔滨：哈尔滨工业大学.

MCRUER D, GRAHAM D, 1981. Eighty years of fight control – Triumphs and pitfalls of the systems approach［J］. Journal of Guidance, Control, and Dynamics, 4（4）：353-362.

MCRUER D, GRAHAM D, 2004. Flight Control Century：Triumphs of the Systems Approach［J］. Journal of Guidance, Control, and Dynamics, 27（2）：161-173.

RAO K R, SATAV S M, RAMASARMA V V, 2006. EMI controlling in a rugged Jaunch computer [J]. Proceedings of the 9th International Symposium on EMC Interference and Compatibility. Bangalore：IEEE (3)：200-205.

SINGH, NEERAJ KUMAR SINGH, NEERAJ KUMAR, et al., 2022. 无人机系统设计：工业级实践指南 [M]. 北京：机械工业出版社.

WU W, GAO L, ZHOU S, 2010. Present Research and Development of FCS Design Methods [J]. Journal of Naval Aeronautical and Astronautical University, 25 (4)：421-426.

3 无人机遥感技术

无人机遥感技术（Unmanned Aerial Vehicle Remote Sensing），即利用先进的无人驾驶飞行器技术、遥感传感器技术、遥控技术、通信技术、GPS 差分定位技术和遥感应用技术，能够实现自动化、智能化、专用化快速获取自然资源、生态环境、自然灾害等空间遥感信息，并完成遥感数据处理、建模和应用分析的技术。无人机遥感系统由于具有机动、快速、经济等优势，已经成为世界各国争相研究的热点课题，现已逐步从研究开发发展到实际应用阶段，成为未来的主要航空遥感技术之一。

3.1 无人机遥感技术的发展现状

无线通信技术、传感器技术、导航定位、自动控制等技术的发展，促使测量设备（如惯性导航、数码相机、GPS 等）被安装在了无人机上，使这类无人机具有了获取地面影像的能力，初步实现了利用无人机对地面物体空间位置进行测量的目标。

在国外，无人机遥感系统在不同领域都有广泛的应用。美国能源部利用无人机遥感技术进行大气对流层中的云层研究，主要利用无人机遥感系统对云层进行辐射测量和散射测量，以此来研究云层与太阳辐射和大地辐射的相互作用。美国航空航天局将不同种类的无人机应用于精准农业、森林火灾监测、海洋遥感等研究项目。澳大利亚在"全球鹰"无人机飞行平台上搭载成像 SAR 传感器进行海洋监测研究。

　　无人机遥感系统在我国的发展已有 20 余年的时间。中国测绘科学研究院从 1999—2003 年，先后完成了国家 863 项目，研制出以人工遥控操作方式为主的"UAVRS-1 型无人机遥感监测系统"；完成了"UA-VRS-2 型低空无人机遥感监测系统"的研制项目，实现了无人机在人工遥控控制、人工控制与导航控制相结合的半自主控制、自主导航控制等不同控制方式下的飞行，并且能够通过车载方式起飞；研制开发了能获取优于高分辨率遥感影像、适合城市地区应用、可低空低速飞行的"UAVRS-F 型无人飞艇低空遥感系统"。2005 年，北京大学与中国贵州航空工业（集团）有限责任公司联合研制的"多用途无人机遥感系统"在贵州省安顺市黄果树机场首飞实验成功，在该无人机遥感系统研究中，搭载了由中国科学院遥感与数字地球研究所（今组建为中国科学院空天信息创新研究院）研制的先进高分辨率数码相机系统。2006 年，我国首个 50 kg 级无人机遥感系统"TJ-1 型无人机遥感快速监测系统"由青岛天骄无人机遥感技术有限公司研制成功，该系统是我国首架在双发动机无人机飞行平台上搭载首套民用遥感监测设备的专业级小型无人机遥感系统，可为海洋遥感监测提供服务。利用同样的技术，中国测绘科学研究院开发出一种造价低、操作更加简便、实用性强、更加安全可靠、以小型无人机为飞行平台的无人机遥感监测系统。2006 年，中国测绘科学研究院研制的起飞重量为 20 kg 的"UAVRS-10Y 型验证机"成功经过自主飞行和遥感飞行试验，无人机遥感系统的控制精度和飞行性能均能满足低空遥感监测的技术指标。中国人民解放军信息工程大学首次在低空无人直升机上进行 Yamaha RMAX 和 CanonEOS-1Ds Mark Ⅱ

数字单反相机集成形成了数字摄影系统，成功利用无人机遥感系统进行了地形测量。武汉大学测绘遥感信息工程国家重点实验室研制的"无人机多维多功能测量系统"，不仅能得到光学影像，还能同时得到红外影像、激光点云，还能直接通过激光测出目标对象的高度。中航工业研制的"鸥鹰Ⅱ"是目前国内有代表性的长航时、军民两用高精度无人机测绘系统。

3.2 无人机平台选择

无人机遥感技术的特点是以无人机为空中平台，遥感传感器获取信息，用计算机对图像信息进行处理，并按照一定精度要求制作成数字产品。选择无人机平台时，首先要确定无人机搭载各传感器的尺寸与重量，其次根据传感器的物理集成方式，确定所需无人机任务舱的尺寸，最后根据各传感器的重量、无人机自身的重量确定无人机起飞所需的升力，进而确定无人机的翼展参数和发动机的功率参数。高效的电动机、功能强大的微型计算机和电池技术的结合，使无人机飞行器发展迅速，将飞行器作为传感器平台进行评估时，了解不同机身配置的基本优缺点至关重要。

根据最大起飞重量将无人机分为三类：小型无人机、中型无人机和大型无人机。根据机身形态可以将无人机分为五类：系留无人机、浮力无人机、固定翼无人机、旋翼无人机和混合型无人机（通过旋翼实现垂直起降的固定翼无人机）。

固定翼无人机是一种通过固定在机身上的机翼诱导气流产生升力的飞行器。当发动机推动飞行器时，空气在机翼表面流动。由于通过水平运动产生升力，则意味着起飞和着陆需要一定的空间。固定翼无人机通过发动机驱动螺旋桨或喷气涡轮机来加速空气，促使飞行器移动。固定翼无人机的特性和工作环境主要取决于它们的机翼和发动机设计。

展弦比，即翼展与其面积之比，决定了固定翼飞机的性能。高展弦比表明机翼比较长且窄，低展弦比则表明机翼比较短且宽，图3-1为不同展弦比的对比图。无论主翼、水平尾翼，还是垂直尾翼都适用一样的定义。在飞行器设计时，一般会让提供力矩的水平尾翼的展弦比较小，使其在失速时拥有较好的失速特性：如较大的攻角仍然能保持不失速，升力系数下降较为平缓等；当主翼失速时还能有姿态控制的能力进而脱离失速。一般垂直尾翼展弦比小于水平尾翼展弦比，水平尾翼展弦比小于主翼展弦比。展弦比的设计同时关系飞行器的性能。短而宽的机翼（低展弦比）型阻较小，适用高速无人机。而长航时无人机则多采用高展弦比，以降低诱导阻力，如"捕食者"无人机。自然界中更是如此，需要长时间飞行的信天翁，翅膀展弦比高，而如隼或者老鹰等需要掠食的鸟类，甚至可以在盘旋时伸展翅膀，提高展弦比，攻击或向下俯冲时收回翅膀以求高速、灵活。部分无人机

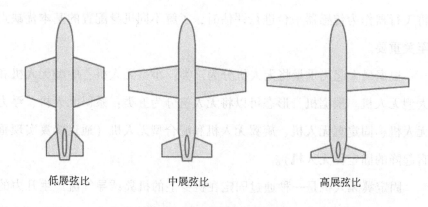

低展弦比　　　　　中展弦比　　　　　高展弦比

图3-1　不同展弦比的对比

也设计有类似的改变展弦比的功能。随着自动驾驶仪技术的出现，不稳定系统的控制变得容易起来。自动驾驶仪能够使短翼无人机保持水平运行，比人类遥控操作更精确。这种稳定性以及更好的机动性，促使一些固定翼飞机能够在更小、更具挑战性的空间起飞和降落，因此它们成为更可行的航空成像平台。

旋翼无人机使用旋转机翼作为主要升力来源。它们采用的螺旋桨类似于固定翼和浮力无人机中用来产生动力的装置，主要区别在于旋翼无人机的螺旋桨能够产生足以提升整个无人机重量的升力，并在飞行中对无人机进行控制。由于旋转叶片能够产生升力，所以无人机能够垂直起降。旋翼机一般有单旋翼和多旋翼两种。单旋翼，也就是我们熟知的直升机，由一个主旋翼来提升和控制飞行器。单旋翼升力系统的特点在于：复杂的机械联动装置能够循环或集中调整叶片间距。这使得旋翼机在改变总升力的同时，能够控制飞行器的俯仰和滚转。为了抵消单个升力旋翼产生的扭矩，利用一个能够与升力旋翼速度相匹配的尾旋翼，从而使飞行器能够根据指令偏航。

多旋翼系统主要使用电动机。通常，它们使用多于 3 个的独立的升降电动机，直接连接到螺旋桨上。由于多旋翼的升力、俯仰、滚转和偏航是由多种电动机协同控制的，因此其机械装置要比单旋翼简单得多。无论是单旋翼还是多旋翼结构，旋翼机的主要优势是能够垂直起降。与浮力无人机不同，旋翼机比空气重，因此它们比浮力飞机和固定翼无人机更能适应周围风速。作为传感器平台，旋翼机具有在狭小空间内工作的优势。其主要缺点在于声音嘈杂、旋翼清洗困难、续航时间和航程较短。尽管存在这些缺点，但简单易用、机械装置简单、能在狭小空间内操作的优点，使电动多旋翼无人机成为最受用户欢迎的无人机平台之一。在这个由计算机辅助飞行的时代，尤其是在中小型无人机领域，混合型无人机的机身试验迅猛发展。为了将旋翼无人机垂直起降的优点与固定翼无人机的续航能力相结合，产生了一系列混合型飞机设计：一个由 4 个或更多升力旋翼组成的多旋翼系统，以及一个向前飞行的独立推进系统。无论是哪种推进系统，这种混合型无人机的设计都是为了在垂直起降性能与续航性能之间取得一种平衡。因此，它们的有效载荷和续航能力往往不如具有相同展弦比的固定翼飞机，并且在起飞和着陆阶段比多旋翼飞机更容易受到风力影响。

以上介绍的所有机型，都有各自的优缺点。如果要用无人机搭载传感器来收集特定信息，则必须权衡这些优缺点。因此，在设计无人机系统时，主要任务在于为机身匹配最佳的传感器来收集数据，并为传感器提供所需机翼，这也是飞行所要考虑的首要问题。

3.3　遥感技术

遥感技术是 20 世纪 60 年代兴起的一种探测技术，是根据电磁波的理论，应用各种传感仪器对远距离目标所辐射和反射的电磁波信息，进行收集、处理，并最后成像，从而对地面各种景物进行探测和识别的一种综合技术。遥感技术是从远距离感知目标反射或自身辐射的电磁波、可见光、红外线，对目标进行探测和识别的技术。例如航空摄影就是一种遥感技术。现代遥感技术主要包括信息的获取、传输、存储和处理等环节，完成上述功能的全套系统称为遥感系统，其核心组成部分是获取信息的传感器。

遥感传感器由早期的胶片相机向大面阵数字化发展，2011 年国内制造的数字航空测量相机拥有 8 000 多万像素，能够同时拍摄彩色、红外、全色的高精度航片；中国测绘科学研究院使用多台相机组合照相，利用开发的软件再进行拼接，有效地提高了遥感飞行效率；德国禄来公司推出的2 200万像素专业相机，配备了自动保持水平和改正旋偏的相机云台，开发了相应的成图软件。另外，激光三维扫描仪、红外扫描仪等小型高精度遥感器为无人机遥感的应用提供了发展的余地。传感器的种类很多，主要有照相机、电视摄像机、多光谱扫描仪、成像光谱仪、微波辐射计、合成孔径雷达等。传输设备用于将遥感信息从远距离平台传回地面站，信息处理设备包括彩色合成仪、图像判读仪和数字图像处理机等。遥感技术分为主动遥感和被动遥感，主动式遥感传感器向目标地物发射电磁辐射，并接收反射信号。被动式遥感传感器不发射电磁辐射，测量目标反射和自身辐射的电磁波。遥感传感器通常有两种类型：成像传感器和非成像传感器，无人机系统常用的传感器是成像传感器，照相机是最普遍的无人机系统传感器。在遥感领域，有几类广泛应用的传感器，即可见光传感器、多光谱传感器、红外传感器、高光谱传感器和合成孔径雷达传感器。

遥感技术已经广泛用于军事、国土测绘、农林、海洋监视、气象观测和应急救灾等。在民用方面，遥感技术广泛用于自然资源普查、植被分类、土地利用规划、农作物病虫害和作物产量调查、环境污染监测、海洋研制、地震监测等方面。遥感技术总的发展趋势是：提高遥感器的分辨率和综合利用信息的能力，研制先进遥感器、信息传输和处理设备以实现遥感系统全天候工作和实时获取信息，以及增强遥感系统的抗干扰能力。

参考文献

崔红霞，林宗坚，孙杰，2005. 无人机遥感监测系统研究［J］. 测绘通报（5）：11-14.

房建成，张霄，2007. 小型无人机自动驾驶仪技术［J］. 中国惯性
技术学报，（15）6：658-663.

冯绍军，袁信，1999. 等效转动矢量法采样迭代频率选取方法［J］.
系统工程与电子技术，24（6）：28-30.

姬渊，秦志远，王秉杰，等，2008. 小型无人机遥感平台在摄影测
量中的应用研究［J］. 测绘技术装备，10（1）：46-48.

李兵，岳京宪，李和军，2008. 无人机摄影测量技术的探索与应用
研究［J］. 北京测绘（1）：1-3.

刘鲁江，2011. 关于持续深化我国低空空域管理改革的探讨［J］.
中国民用航空（7）：13-16.

马云峰，2006. MSINS/GPS 组合导航系统及其数据融合技术研究
［D］. 南京：东南大学.

秦永元，2009. 惯性导航［M］. 北京：科学出版社.

秦永元，张洪钺，2010. 卡尔曼滤波与组合导航原理［M］. 西安：
西北工业大学出版社.

速云中，凌培田，2022. 无人机测绘技术［M］. 武汉：武汉大学出
版社.

孙丽，秦永元，2009. 捷联惯导系统姿态算法比较［J］. 中国惯性
技术学报，14（3）：6-10.

童玲，2023. 无人机遥感及图像处理［M］. 成都：电子科技大学出
版社.

王小平，唐剑，郑团结，2006. 微型无人数字航空摄影系统的设计
与实践［J］. 测绘技术装备，8（1）：39-42.

王志豪，刘萍，2011. 无人机航摄系统大比例尺测图试验分析［J］.

测绘通报 （7）：7.

吴道明，刘霞，2022. 无人机操控技术 [M]. 北京：机械工业出版社.

吴云东，张强，2009. 立体测绘型双翼民用无人机航空摄影系统的实现与应用 [J]. 测绘科学技术学报，26 （3）：161-164.

吴云东，张强，王慧，等，2007. 无人直升机低空数字摄影与影像测量技术 [J]. 测绘科学技术学报，24 （5）：328-331.

薛亮，李天志，李晓莹，等，2008. 基于 MEMS 传感器的微型姿态确定系统研究 [J]. 传感技术学报，（21）3：457-460.

杨瑞奇，孙健，张勇，2010. 基于无人机数字航摄系统的快速测绘 [J]. 遥感信息 （3）：108-111.

袁信，郑谔，1985. 捷联式惯性导航原理 [M]. 南京：南京航空航天大学.

张谦，裴海龙，罗沛，2007. 基于 MEMS 器件的姿态航向参考系统设计及应用 [J]. 计算机工程与设计，（28）3：631-634.

张强，吴云东，杨天恒，2007. 数字罗盘在超低空遥感平台的应用 [J]. 测绘科学技术学报，24 （1）：43-46.

郑团结，王小平，唐剑，2006. 无人机数字摄影测量系统的设计和应用 [J]. 计算机测量与控制，4 （5）：613-615.

ANDERSON J. D，2001. Fundamentals of Aerodynamics [M]. Third Edition Boston：McGraw-Hill.

BENDIG J.，A. BOLTEN，G. BARETH，2012. Introducing a low-cost mini-UAV for thermal-and mul-tispectral-imaging [J]. The International Archives of the Photogrammetry，Remote Sensing and Spatial Information Sciences （39）：345-349.

BODEEN C., 2014.Volunteers step up in China's response to quake [EB/OL]. Associated Press Accessed 4/15/15. https：//news. yahoo. com/volunteers-step-chinas-response-quake-125026145.html.

CALDERÓN R. , J. A. NAVAS - CORTÉS, C. LUCENA, et al., 2013. High-resolution airborne hy-. perspectral and thermal imagery for early detection of Verticillium wilt of olive using fluorescence, temperature and narrow-band spectral indices [J]. Remote Sensing of Environment (139)：231-245.

CHAERLE L. , DIK HAGENBEEK, ERIK DE BRUYNE, et al., 2004. Thermal and chloro - phyll - fluorescence imaging distinguish plant-pathogen interactions at an early stage [J]. Plant and Cell Physiology, 45 (7)：887-896.

CHOI K. I. LEE, 2011. A UAV-based close-range rapid aerial monitoring system for emergency responses [J]. The International Archives of the Photogrammetry, Remote Sensing and Spatial Information Sciences (38)：247-252.

DUBAYAH R. O. , J. B. DRAKE, 2000. Lidar remote sensing for forestry [J]. Journal of Forestry, 98 (6)：44-46.

EXELIS, 2015. Basic Hyperspectral Analysis Tutorial. Accessed 4/7/15 [EB/OL]. http：//www. exelisvis. com/docs/HyperspectralAnalysis Tutorial. html.

FISCHER R. L, B. G. KENNEDY, M. JONES, et al. , 2008. Development, integration, testing, and evaluation of the US Army Buckeye System to the NAVAIR Arrow UAV. SPIE Defense and Security Symposium [R]. Orlando World Center Marriott Resort and Convention Center, Orlando, FL.

GRENZDÖRFER G. J. , A. ENGEL, B. TEICHERT. , 2008. The pho-
togrammetric potential of low - cost UAVs in forestry and agriculture
[J]. The International Archives of the Photogrammetry, Remote Sens-
ing and Spatial Information Sciences, 31 (B3): 1207-1214.

4 无人机遥感技术在农业上的典型应用

由于无人机具有机动快速、使用成本低、维护操作简单等技术特点，因此被作为一种理想的飞行平台，广泛应用于军事和民用各个领域。尤其是进入 21 世纪以后，许多国家将无人机系统的研究、开发、应用置于优先发展的地位，体积小、重量轻、探测精度高的新型传感器的不断问世，也使无人机系统的用途迅速拓展。无人机遥感以无人飞行器为飞行平台、以高分辨率数字遥感设备为机载传感器、以获取低空高分辨率遥感数据为应用目标，具有快速、实时对地观测、调查监测能力，因此在土地利用动态监测、矿产资源勘探、地质环境与灾害调查、海洋资源与环境监测、地形图更新等领域都将有广泛应用。由于传统的卫星遥感和航空摄影成本高、受天气等因素影响大，无人机遥感系统的机动灵活和经济便捷是它的主要优势，具有机动快速的响应能力，系统运输便利、升空准备时间短、操作简单，可快速到达监测区域，机载高精度遥感设备可以在短时间内快速获取遥感监测结果。基于著者相关研究成果，本章介绍了无人机遥感技术在农业上的典型应用。

4.1 无人机遥感在农业上的应用

近年来，无人机相关的技术日益成熟，无人机逐渐成为一种新兴的遥感平台，无人机遥感成为国内外新型遥感技术研究的热点。无人机遥感技术是综合利用先进的无人驾驶飞行技术、遥感遥控技术及遥感应用等技术，快速获取国土、资源、环境等空间信息的应用技术，无人机遥感技术具有高时效、高分辨率、低成本、快速、准确等优势。目前，无人机遥感技术的出现，为遥感技术在各个领域的应用提供了新的视角和工具，其应用领域包括国土测绘、自然灾害监测、水文气象、自然资源普查、海洋水利、城市规划等。

在国外，早在20世纪90年代，无人机就已经被广泛使用在农业领域之中，在科技不断发展的驱动下，无人机在农业领域的应用也越来越广泛。我国无人机技术起步相对较晚，我国在20世纪50年代开始了航空技术在农业上的使用研究，但由于受到场地的限制，即使是范围区域较小的农田区域也无法较好地完成喷洒作业。随着无人机遥感技术的不断发展，近年我国无人机市场发展迅速，无人机已成为我国农业领域最主要的研究技术之一。目前，无人机遥感技术在农业上的应用主要有以下几个方面。

（1）农田环境监测。农业耕种管收各阶段的操作环境很大程度上影响农作物的产量，如何更好地获取农作物种植环境的各项指标成为目前农业的重点研究方向。传统的农田信息采集方法包括设置田间监测站、人工检测等方法，尽管该方法在区域范围较小的农田效率较高，精准度也较好，但针对区域范围较大的农田环境监测工作，传统方法无法较好适应。相比而言，无人机遥感技术能够更好地完成农田环境参数监测任务。无人机可携带包括热像仪、摄影机、光谱仪等设备，做到高效、全面地进行信息采集工作，采集所需农田环境参数信息。

（2）农情信息获取。无人机通过搭载相机，能够对特定区域进行长时间的田间农情信息采集，获取多时期的作物表型数据，分析采集到的数据可以很好地预测作物的生长趋势，从而进行自动化农田管理操作，实现精准施肥、撒药等农业作业生产。通过无人机遥感技术，可以实时监测作物的养分状况，包括氮、磷、钾等养分含量，从而更好地满足作物的生长需求。随着遥感信息采集能力的不断提高，无人机遥感已逐步取代传统航空测量手段，利用遥感技术可以有效地诊断和监测农作物的养分状况，以确保其正常生长发育。通过无人机进行农田养分数据获取具有实时性强、成本低的优势。通过对作物的养分状况的实时监测与评估，能够更好地了解其生长周期中的营养需求，从而更好地提高农业效益。

（3）作物产量估产。除了采集作物长势信息外，使用无人机遥感技术能测出农作物的种植面积，也能够在特定范围内利用遥感手段对作物冠层进行光谱观测，充分采集包括生长潜能、收获期选择、作物成熟度等多方面的信息，提升农作物生产的效率和质量，做到高度智能化、科学化的现代农业生产。

（4）病虫害和灾害监测。无人机在农业领域之中除了农情监测外，还可以获取病虫害和农业灾害信息，从而更好帮助农业管理者了解农作物的生长健康状况。例如，小麦条锈病是小麦常见的作物病害，借助无人机遥感技术能够更好加以监测。此外，无人机遥感技术还可以对干旱、涝灾、干热风、倒春寒、倒伏等农业灾害实现精准监测。

（5）土壤肥力、含水量监测。土壤在不同含水量下的光谱特征不同。遥感监测主要从可见光-近红外、热红外及微波波段进行，利用光学-热红外数据，选择参数建立模型进行土壤肥力监测、土壤结构信息提取。通过无人机搭载光谱相机大面积航拍作业，能够更为详细地了解到目前土地的状况，包括土壤肥沃程度、空气湿度以及各类其他信息的获取，从而更好帮助广大农户进行种植作业调整。

4.2 基于无人机高光谱的小麦条锈病遥感监测

针对小麦条锈病的为害和流行趋势，利用无人机高光谱遥感技术，介绍了无人机遥感在小麦条锈病监测及评估上的应用，详细介绍无人机高光谱遥感监测小麦条锈病的技术流程和方法，为相关病害监测研究提供参考和启迪。

4.2.1 小麦条锈病遥感监测背景

我国是小麦条锈病最大的流行区域之一，流行年份通常会造成小麦减产 30%~40%，特大年份减产 50% 以上甚至绝收。以山东省为例，2020 年山东省小麦条锈病见病面积总计 348.15 万亩*；2021 年山东省小麦条锈病见病面积总计 851.64 万亩，发生范围覆盖全省 16 地市。2021 年山东省各级农业农村部门针对小麦条锈病大面积发生，累计投入防治资金 6.07 亿元。

防控小麦条锈病的关键是在染病初期，符合"预防为主，综合治理"的植保方针政策。小麦条锈病菌的侵染过程分为 4 个阶段：接触期、侵入期、潜伏期和发病期，附图 4-1 为条锈病孢子侵染小麦的症状图。值得注意的是，染病初期的 9~12 d，病原菌在小麦寄主体内吸取营养、蔓延和繁殖，但很难通过肉眼观察到病症；一旦环境适宜，病害则进入发病期，形成明显的孢子病斑，并从点向面迅速扩散蔓延，暴发大面积流行，典型的"先发病，后防治"的被动、滞后模式。

---

* 1 亩 ≈ 667 m²，全书同。

第一，依赖于经验的人工目测手查测报方式，费工费时，效率很低；第二，缺乏适用于大田环境的实时动态、标准统一的检测手段和技术产品；第三，小麦条锈病的预测多是基于数理统计模型，以积年累月的病害数据和气象数据为基础分析建模，影响因素繁多，表现出高度的非线性和多时间尺度特性，存在预测准确率低、预测效果不稳定等问题。

高光谱技术把可见光图像和近红外波段光谱相结合，凸显染病小麦叶片结构和成分的变化引起的光谱特征改变，尤其是染病初期，使小麦条锈病快速、高效、准确、非接触式监测成为可能。开展基于无人机高光谱遥感技术的小麦条锈病监测研究，通过早期发现为精准防控留足时间，从而解决全面、无差别、盲目喷施化学农药带来的农药残留和环境污染的难题，对掌握小麦条锈病发生发展特点、病害鉴别及危害程度、防治效果等方面有重要的支撑作用，对保障粮食安全、提高农作物产量和品质、减少农业经济损失具有重要意义。

4.2.2　研究现状

小麦条锈病是条形柄锈菌引起的一种真菌病害（Singh et al.，2004），广泛存在于不同种植制度、生长季节和种质特性小麦产区。世界上60多个国家均有该病发生，如美国和英国等国（Wellings，2011）。据联合国粮食及农业组织估计，世界范围内每年因条锈病造成的小麦产量损失至少550万t（Beddow et al.，2015）。我国180多年前的著作中就对小麦条锈病进行了记载，当时称条锈病为"黄疸病"（汪可宁 等，1988；Wan et al.，2007）。相对于世界上其他国家，我国的小麦条锈病流行区面积较大，在大部分麦区均有广泛分布，如西北麦区、西南麦区、长江中下游麦区和黄淮海麦区，由于气候原因，小麦条锈病在东北麦区发生概率较小（王海光 等，2007）。条锈病在我国的发生和流行已成为一种常态，每年都会因该病造成大量的小麦产量损失。自1949年以来，我国发生了5次条锈病大流行（1950年、1964年、1990年、2002年和2017年），造成的产量损失超过1 380万t（马占鸿，2018）。

杂锈病通过条锈病菌传播，条锈病菌通常称为夏孢子。夏孢子是一种淡黄色、圆球状的粉末，大小为（32~40）μm×（22~29）μm。夏孢子最适宜的侵染温度为17~20℃，且具有较高的湿度（Chen，2005）。小麦被条锈病菌侵染后的典型症状是在叶片上形成平行排列的淡黄色脓疱，随着脓疱的成熟会产生橙黄色的孢子。条锈病不同发病时期及不同病害严重度下形成的症状不同。一般来说，在条锈病刚开始侵染时，在叶片上形成鲜黄色夏孢子堆；随小麦的生长及条锈病的持续侵染，夏孢子会成行且与叶脉平行排列在叶片上；随着小麦的成熟，叶片上的夏孢子堆逐渐变为黑褐色（Chen、Kang，2017）。小麦条锈病是一种典型的气传病害，夏孢子依靠风力可进行数千千米的传播（康振生，2018；Chen et al.，2010）。Wellings 和 McIntosh（1990）研究发现新西兰的夏孢子来自2 000 km外的澳大利亚。在我国，条锈病夏孢子可从甘肃南部地区传播至河南、山东等地，但由于地形和气候等因素，相比国外的条锈病传播途径和体系，我国更加复杂（商鸿生，2008）。经过多代小麦条锈病科学家的不懈努力，小麦条锈病在我国的传播规律已被摸清。条锈病菌传播有两个重要的条件，分别是寄主和温度。条锈病菌对麦类作物有寄主专一性，尤其是小麦和大麦等作物；温度是影响条锈病菌存活的重要条件，一般来说，条锈病菌的适生温度为−5~23℃，低于或高于这个范围条锈病菌很难存活，其最适宜的发病温度为5~12℃（李振岐，1998）。小麦条锈病在我国的异地远距离传播大约分4步进行

（石守定 等，2005）。首先是越夏，小麦条锈病菌喜凉怕热，在夏季大部分高温地区的条锈病菌不能存活。只有在海拔较高的甘肃南部、四川西北部和青海东部等地区才能越夏，并且存在条锈病菌可依附的寄主（熟春麦或自生麦苗等）上。其次是侵染秋苗，越夏后的条锈病菌可传播到冬麦区，为害冬麦区的小麦。再次是越冬，条锈病菌越冬的条件是冬季最冷月旬均温不能低于-7℃（马占鸿 等，2004a）。最后是春季流行，越冬后的病菌可借助高空气流传播至小麦主产区的河南、山东和河北等地，如遇气温和降水等条件适宜，条锈病会迅速在主产区流行蔓延，对小麦形成重大危害（马占鸿 等，2004b；陈万权 等，2007b）。

遥感等信息技术的快速发展为病害监测预测提供了一种新方法（黄文江，2015）。与传统的基于病害孢子捕捉器和病害诱捕器等为主的病害测报方法相比，遥感提高了空间和时间分辨率，对于实现农业可持续发展极为重要（赵春江，2014）。目前，国内外主要基于以可见-近红外光学为主的遥感系统获取的多源遥感数据在叶片、冠层、田块和区域等不同尺度上展开作物病害监测。本书重点介绍冠层尺度基于无人机高光谱的小麦条锈病遥感监测研究进展。

冠层尺度作物病害遥感监测多是基于多光谱和高光谱传感器，尤其无人机平台上搭载的传感器多为高光谱传感器，包括非成像和成像传感器；由于成本、操控等因素，在无人机等平台上普遍搭载多光谱传感器，目前无人机平台搭载高光谱传感器也日益增多（Huang et al.，2019）。基于低空无人机传感器的作物病害监测是冠层尺度监测的重要方式。近年来，无人机遥感的迅速发展标志着遥感技术进入了一个新时代（廖小罕、周成虎，2016）。因此，无人机遥感也为精准农业的发展带来契机，尤其是作物病害监测。无人机的优势在于它的灵活性，可在适宜的条件下随时飞行拍摄；可搭载多种不同传感器，能够集成到无人机系统的传感器包括 RGB、多光谱、高光谱和热成像等。RGB 是一种轻型便捷的传感器，可以提供 3 个波段的空间分辨率极高的影像，具有丰富的图像特征。Kerkech 等（2018）通过无人机搭载的 RGB 传感器获得了葡萄园的空间图像，并基于卷积神经网络和 RGB 图像的颜色信息成功提取出葡萄叶片上的病害症状。Tetila 等（2017）基于无人机 RGB 图像特征（颜色、纹理和形态等）对大豆病害进行了监测，结果显示，模型最优的监测精度达 98.34%，随无人机平台高度的升高，监测精度逐渐降低。目前，无人机搭载多光谱传感器是植被遥感监测中应用最广泛的一种，多光谱比 RGB 传感器具有更丰富的光谱信息，且具同等的空间信息。在作物病害监测中，Wang 等（2020b）通过无人机多光谱影像对棉花根腐病进行了监测，结果显示一种自动化监测方法的精度比传统方法高 8.89%。Kerkech 等（2020）基于无人机多光谱影像，结合深度学习方法构建了葡萄霜霉病监测模型。Ye 等（2020）基于无人机多光谱影像评估了香蕉枯萎病害严重度，结果显示，红边指数在病害监测中有积极作用，随影像空间分辨率的降低，病害监测精度也降低。高光谱传感器与无人机的集成在作物病害监测中更具优势。无人机高光谱图像不但具有极高空间分辨率，还具有丰富的光谱信息，这对作物病害监测具有重要的意义，尤其是针对作物病害早期监测。目前，基于无人机高光谱的作物病害监测受高光谱传感器设备等约束没有得到广泛的应用，但由于其具有较大提升病害监测精度的潜力，研究人员已进行了相关探索。Deng 等（2020）利用无人机高光谱数据对柑橘黄龙病进行了监测，并成功绘制了病害在冠层的分布情况。Zhang 等（2019）基于无人机高光谱图像构建了一种深度卷积神经网络模型监测小麦条锈病，该模型同时使用空间和光谱信息来表征病害，监测精度达 85%。Abdulridha 等（2019a，2019b，2020）探究了无人机高光谱技术在番茄斑病、南瓜白粉病和柑橘溃疡病监测中的潜能。兰玉彬等（2019）和郭伟等（2019）分别用无人机高光谱技术对柑橘黄龙病和小麦全蚀病进行了监测研究。

有研究将热成像技术与无人机结合对作物病害进行了监测，热成像方法主要是通过评估作物冠层表面的温度来判断作物是否受到胁迫，而作物表面温度主要受含水量影响；作物病害导致水分流失，从而引起冠层温度异常（Pineda et al.，2021）。Smigaj 等（2019）利用无人机热成像技术对松树枯萎病进行了监测，发现松树冠层温度与病害严重度有显著相关性。由于作物病害导致的温度变化没有唯一性，单一使用热成像进行作物病害监测存在一定局限性；在作物病害监测中使用最多的是将热红外技术与高光谱、多光谱和荧光技术等进行融合。Sankaran 等（2013）使用近红外与热波段组合的 13 个特征对柑橘树黄龙病进行了监测，其病害监测精度达 87%。Calderón 等（2013）通过连续 3 年机载观测实验，获取橄榄树黄萎病的高光谱和热图像，并从中提取窄波段指数、荧光特征以及温度特征，实现了黄萎病早期病症的监测。无人机作物病害监测的终极目标应是对应于精准农业，即在作物病害监测的基础上生成可用于指导喷洒农药的处方图等。但目前为止，该目标尚未完全实现。综上所述，基于无人机技术的作物病害监测存在广泛的研究，尚有很大潜力有待挖掘。

4.2.3 试验方案与数据获取

4.2.3.1 试验方案

（1）室内控制试验。对于小麦条锈病的监测，外界环境因子（土壤覆盖度、冠层的集合结构及大气条件等）对光谱的影响很大，所以植物的冠层反射率特征随时空变化很大。不同条件下建立的监测模型并不能完全适应于建模以外的时空条件，从而影响遥感监测小麦条锈病的准确性。因此要实现低空无人机条件下监测小麦条锈病，首先要明确条锈病的光谱特征，找到敏感波段，从而达到建模、监测的目的。

叶片是植被的主要组成部分，其对冠层整体的光谱贡献比例很大，条锈病害对小麦的影响主要表现在小麦叶片上，在叶片尺度解析受条锈胁迫的小麦叶片光谱特征，可以不受外界环境因子的影响，能够了解真实的光谱特征。因此为避免小麦冠层条件下复杂环境因子带来的干扰，设计了小麦条锈病室内控制实验，从小麦叶片尺度入手，对小麦条锈病光谱特征进行定性和定量分析，建立叶片尺度小麦条锈病光谱数据库。开展小麦条锈病室内控制试验，对小麦进行春化处理，在温室大棚开展小麦全生育期种植试验，小麦全生育期控制在 4 个月以内，在关键生育期对小麦进行人工染病处理，模拟大田环境下病害胁迫。图 4-1 为小麦条锈病室内控制试验及小麦条锈染病情况。

图 4-1　小麦条锈病室内控制试验

选取 5 份室内培育小麦作为测量样本，其中 3 份的小麦条锈病感染程度分别为 10%、30%、50%，另两份为未染病正常生长的小麦样本。所用光谱测量仪器为地物波谱仪 FieldSpec 4（美国 ASD 公司），其波段范围是 350~2 500 nm，光谱分辨率 3 nm/8 nm，采样间隔（波段宽）为 1.4 nm（350~1 000 nm）/1.1 nm（1 001~2 500 nm），测量速度固定扫描时间为 3 s，裸光纤 25°前视场角。图 4-2 为地物波谱仪 FieldSpec 4。

图 4-2　地物波谱仪 FieldSpec 4

光谱采集具有一定的要求，首先是天气晴朗且无云、风力较小，其次时间为 10—14 时。测量人员身着深色衣服，阴影不能落在视场范围内，探头垂直向下。根据小麦样本大小，确定每个样本采集 4 个采样点，每个采样点在视场范围内重复 5 次取平均，取采样点的平均值作为样本光谱反射率，各小区测量前后均用标准的参考板进行校正。

利用光谱仪分别测量染病程度为 10%、30%、50% 的小麦冠层光谱信息，以及正常生长的小麦冠层光谱信息，分别将不同程度染病小麦冠层光谱和正常生长小麦冠层光谱取平均，结果对比如附图 4-2 所示。

由于条锈病会导致小麦叶片出现失绿、失水及孢子粉堆积等变化。可以看出，小麦被条锈病侵染后，在可见光和近红外波段范围内，染病小麦冠层光谱和未染病小麦冠层光谱存在明显差异。

随着条锈病感染程度的变化，小麦冠层各波段的光谱反射率都会有所变化。为了弄清小麦染病后其冠层光谱特征变化，对不同程度的条锈病小麦冠层光谱和正常小麦冠层光谱特征进行了对比，如附图4-3所示。可以看出，小麦侵染条锈病后，在400~650 nm、800~1 300 nm和1 450~1 800 nm波段范围内，光谱曲线变化较为明显。其中在可见光400~650 nm和近红外1 450~1 800 nm这两个波段范围内，随着染病程度的增大，光谱反射率呈上升趋势，即与染病程度呈正相关关系。

小麦受条锈病侵染后最明显的特征是叶片褪绿、变黄。从光谱曲线上看，病害初期的特征比较明显，如附图4-2所示。在可见光550~600 nm黄光区，染病小麦的光谱曲线明显要比未染病的高，这是我们看到条锈病发病后小麦叶片变黄的原因。叶片尺度光谱分析表明，在理论上可以通过黄光区的异常对条锈病进行相关诊断，从而达到及时发现小麦条锈病的目的。

（2）大田数据采集。2022 年，在项目支持下，相关研究人员在山东省郓城县开展了大田小麦条锈病试验数据采集工作，采集内容包括地面冠层光谱、病害指数、农学参数、无人机高光谱数据等。试验区域条锈病发病区域总面积约40亩，病害呈点状分布，呈现典型条锈病症状，病害中心先发生随后向四周扩散，进行过农药防治，周边大田未见大面积发生，图4-3为试验区域无人机可见光正射图像。

图4-3 试验区域无人机可见光正射图

4.2.3.2　数据获取

（1）病害指数（DI）测定。调查面积约 1 m²。病情调查每点选取 10 株小麦，分别调查发病情况，将严重度分为 4 个梯度，即 0、30%、60%、100%，分别记录各严重度的小麦叶片数。病情指数（DI）通过公式（4-1）计算得出。

$$DI = \frac{\sum (x \times f)}{n \times \sum f} \times 100 \qquad (4-1)$$

式中，x 为各梯度的极值，n 为最高梯度值 4，f 为各梯度的叶片数。

（2）叶绿素含量。手持 SPAD，测量方法为：每个点的叶片分叶尖、中部和叶基 3 个部分进行测量，各部分测 2 次，共测量 6 次，将这 6 次测量平均值作为最终该点叶片叶绿素含量值。

（3）叶面积指数。用 LAI-2000 冠层分析仪进行叶面积指数的测定，在试验区内设样点，每个样点测定范围约 0.6 m²，共测量 4 次。

（4）地面 ASD 光谱测定。小麦地面冠层光谱使用 ASD 地物光谱仪测定，观测实际段为 10 时 30 分至 14 时，无卷积云和浓云，风力小于 3 级。观测人员穿深色衣服，探头垂直向下，每条光谱的平均采样次数不少于 10 次，暗电流的平均采样次数不少于 20 次。对同一目标的观测次数应不小于 6 次。

（5）拍照。对所有田间观测目标，均要拍摄照片，以真实记录目标状态。

（6）无人机高光谱数据采集。本书试验所用的无人机平台为大疆 M600 多旋翼无人机，搭载高光谱传感器 Pika L（400~1 000 nm），如

图 4-4 所示。

图 4-4　无人机高光谱数据采集平台

4.2.4　小麦条锈病无人机高光谱遥感监测

根据病害和健康小麦的光谱特征，结合无人机高光谱遥感影像特征，找寻比较有效、可行的数据处理和分析方法是无人机高光谱遥感成功监测小麦条锈病的关键。借鉴前人研究经验，选取基于敏感波段的无人机高光谱遥感监测方法。

利用 ASD 地面非成像光谱仪对小麦条锈病不同严重程度的冠层光谱反射率进行测定，同时调查病情指数。通过对地面实测的病情指数与相应的光谱反射率进行相关性分析，筛选出小麦条锈病的敏感波段。结合无人机高光谱遥感图像的数据特点，建立无人机高光谱监测小麦条锈病的模型，并在无人机高光谱影像（PHI）上进行反演。

4.2.4.1 小麦条锈病冠层敏感波段

通过对地面实测的 9 组病情指数与相应的光谱反射率进行相关分析，如图 4-5 所示，可以发现，400～600 nm 和 700～890 nm 与病情指数呈现显著相关，可以认定位于 400～600 nm 和 700～890 nm 波段范围为小麦条锈病的敏感波段。

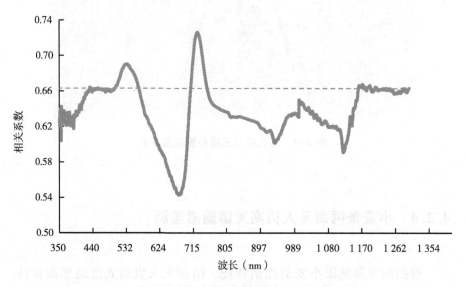

图 4-5　病害指数与冠层光谱反射率的相关系数

4.2.4.2 PHI 影像波段初步分析

由于噪声的影响，PHI 波段中存在一些无效的异常波段。根据小麦冠层光谱特征的一般规律，对多个时相的图像反射率进行反复对比和验证后发现 405～500 nm、805～850 nm 范围内都是异常波段，无法有效利用。最终筛选出 PHI 影像数据有效波段为 500～805 nm。

4.2.4.3 敏感波段平均反射率诊断模型的建立

由前研究可知，小麦条锈病在 PHI 图像上的光谱特征具有如下规律。

（1）如附图 4-4 所示，在红波段（620~760 nm）范围内，条锈病小麦冠层光谱反射率都高于正常小麦冠层光谱反射率。

（2）如图 4-5 所示，在近红外波段，条锈病破坏了叶片组织结构和水分含量，条锈病害的冠层反射率小于正常小麦冠层反射率。

综合以上规律，考虑小麦条锈病冠层敏感波段和无人机高光谱遥感数据特点，最终选定红光 620~718 nm 和近红外波段 780~805 nm 为无人机高光谱遥感监测小麦条锈病的敏感波段。传统的方法是选取敏感波段中的某些波段进行单波段的组合病情指数建立病害诊断模型，但无人机遥感影像由于受噪声等影响可能会造成敏感波段中某些波段的反射率异常，用单波段的组合来构建反演模型很可能无法准确将病害信息表现到影像上，因此初步选择用小麦条锈病的红波段敏感区域中的平均光谱反射率和近红外波段敏感区的平均光谱反射率为自变量，以相应的病情指数为因变量建立反演模型。

对小麦条锈病的敏感波段中的红波段 620~718 nm 的平均反射率与病情指数进行相关性分析（需要保证样本数量），如图 4-6 所示。

对小麦条锈病的敏感波段中的近红外波段 780~805 nm 的平均反射率与病情指数进行相关性分析，如图 4-7 所示。

由以上可以看出，红波段 620~718 nm 的平均反射率与病情指数呈现显著正相关关系，决定系数为 0.631 9；近红外波段 780~805 nm 的平均反射率与病情指数呈现显著负相关关系，决定系数为 0.435 4，可以认定，620~718 nm、780~805 nm 波段区间是能反映小麦病情的波

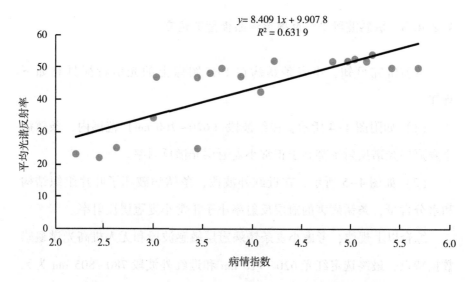

图 4-6　620~718 nm 的平均反射率与病情指数相关关系

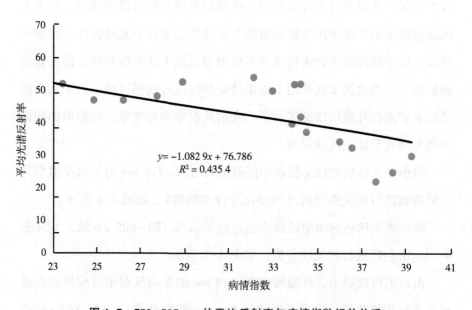

图 4-7　780~805 nm 的平均反射率与病情指数相关关系

段，可以作为基于光谱反射率的小麦条锈病敏感波段与病情指数建立监测模型。

以红波段 620~718 nm 的平均光谱反射率（x_1）和近红外 780~805 nm 波段的平均光谱反射率（x_2）为自变量，病情指数（y）为应变量，用地面实测数据进行回归，得到多元线性回归模型为：

$$y = 8.8327\,x_1 - 0.1147\,x_2 + 11.7944 \qquad (4-2)$$

其中，方程的相关系数 R 为 0.7963，F 为 13.8655，在 $\alpha = 0.05$ 显著水平上表现较为显著。建立病情指数实测值与预测值之间的线性关系，如图 4-8 所示，其中决定系数为 0.6341，说明该方程的拟合程度较好，可以用于监测小麦条锈病模型建立。

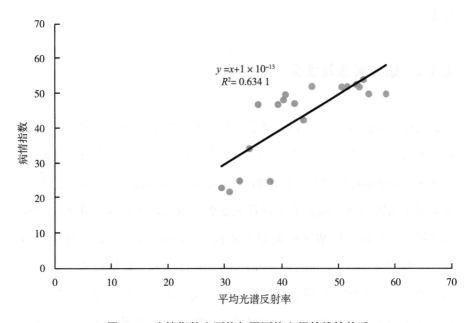

图 4-8 病情指数实测值与预测值之间的线性关系

4.2.4.4 无人机高光谱小麦条锈病监测结果

基于以上方法，利用遥感处理软件在无人机高光谱图像上进行小麦条锈病病害程度反演，将病害分为严重、中等、健康，无人机高光谱小麦条锈病监测结果如附图 4-5 所示。

4.3　利用无人机遥感技术提取农作物植被覆盖度

利用无人机遥感技术获取可见光影像，以棉花、花生、玉米为研究对象，选取不同的植被指数进行可见光图像阈值分割，结合研究区域可见光影像监督分类结果，详细介绍了 3 种作物的植被指数提取植被覆盖度方法。

4.3.1　研究背景及意义

植被（vegetation）是指地球表面某一地区覆盖的全部植物群落的总体，如森林、灌丛、草原等（邓绶林 等，1992），并可分为自然植被（natural vegetation）和人工栽培植被（planted vegetation）两大类。自然植被是指由天然下种或者人工促进天然更新所形成的森林、灌丛、草原等植被，一般可再精细区分为原生植被（primary vegetation）与自然演替次生植被（naturally regenerated vegetation）。人工栽培植被一般是指由人工播种、分殖或扦插等方式形成的植被。研究表明，无论是原生植被、次生植被还是栽培植被，能够提供关键性的生态系统功能服务的需求（Paquette et al.，2010）；以及在某种更深远的意义上，植被在全球范围发挥着非常重要的碳汇作用，是全球气候变化研究中水—碳—氮循环研究的重要对象（Pan et al.，2011）。

植被覆盖度（Fractional Vegetation Coverage，FVC）是指植被的叶、

茎、枝垂直投影到地面的面积占区域总面积的比例。植被覆盖度不仅是表征植被冠层结构最基本的物理参数，也是量化植物群落覆盖地表状况的一个综合指标，已成为全球气候变化、生态、水文、植物、土壤等研究的重要参数，并被广泛地应用于陆表各种参量的变化过程研究。植被覆盖度的研究具有以下重要意义：植被覆盖度是环境和气候变化的一个敏感因子，从区域到全球尺度上的植被覆盖度的定量估算，可以用于研究环境气候变化与植被覆盖变化的关系；植被覆盖度是全球及区域气候数值模型中重要的生态参数；植被覆盖度也是水文模型中的一个重要的变量，在水循环模式中通过量化植被覆盖度的时间动态和空间分布来计算能量和水的流动；植被覆盖度直接影响植被蒸腾和光合作用、土壤水分蒸发的过程；植被覆盖度是控制水土流失的影响因子之一，也是评估土地退化、盐渍化和沙漠化的有效指数（李苗苗，2002）。在农业上，植被覆盖度是描述地表植被分布的重要指标，在分析作物分布影响因素、评价区域生态环境等方面具有重要意义，是反映农作物对光的截获能力，指示作物的生长发育和生物产量的一个重要参数。因此，通过寻找科学的研究手段及时、准确获取农作物植被类型、面积、覆盖率等信息，具有十分重要的意义。

　　传统的植被覆盖度测量方法是地面测量，但这种方法费时费力、局限大、难推广，只能适用于小区域监测。遥感技术快速发展，无人机遥感技术在资源分类、林业监测、现代军事以及现代农业、国土测绘等诸多领域中发挥着至关重要的作用，正成为传统航天航空、卫星遥感的优越补充，使遥感科学从宏观尺度向微观尺度跨进了一大步。因此，鉴于上述背景，为了能够准确获取农作物特别是多种作物的冠层覆盖度信息，综合考虑目前基于无人机遥感影像的农作物研究发展现状、存在问题和发展趋势，本节详细介绍了利用无人机可见光遥感图像，开展夏季典型作物棉花、花生、玉米植被覆盖度提取方法的研究。通过对提取方法的分析验证，以期获得一种低成本、易操作、客观有效的提取夏季多种农作物植被覆盖度的方法，扩大无人机遥感在农业中的应用，为我国高精度农作物遥感监测提供科学支撑，服务于智慧农业和农业现代化发展。

4.3.2　研究现状

植被覆盖度作为全球变化、生态、水文等研究领域的重要参数，准确、快速地获取植被覆盖度信息至关重要。随着遥感技术的出现和发展，植被覆盖度的估算从地面测量方法发展到能实现大区域、快速获取覆盖度的遥感估算方法。

传统的 FVC 地面测量方法按照原理的不同，可分为 4 类：目视估测法、采样法、仪器法和照相法（温庆可 等，2009）。目视估算法采用肉眼凭借经验直接判读或利用相片、网格等参照物来估计植被覆盖度（章文波 等，2001）。根据判别时参照方式的不同，该方法又可细分为：直接目估法、相片目估法、网格目测法（张云霞 等，2003）、椭圆目估法（Thalen，1979）和对角线测量法（赵春玲 等，2000）。该方法的优点是原理简单，操作方便，我国许多过去的植被覆盖度信息多是利用该方法获取的，缺点是主观性大，估算精度取决于测量者的经验。

目前，无人机遥感技术在诸多领域发挥着重要作用，利用无人机遥感技术估算 FVC 大致可以分为回归模型法、混合像元分解法和其他模型估算法。M. L. Guillen 等（2012）、E. RaymondHunt Jr 等（2010）、Anguiano-Morales M 等（2018）利用无人机平台搭载高光谱仪、窄带多光谱成像传感器等获得植被指数、光化学发射指数等信息，对农田、草原、作物进行监测。Thomas 等（2014）采用无人机进行高光谱（光谱范围 414~2 501 nm）遥感测量，根据草地养分和草地盖度的光谱成像差异，采用偏最小二乘法进行模型分析计算，区分不同放牧草地植被的空间分布在不同阶段的演替规律。Choi 等（2016）利用固定翼无人机获取多光谱图像，对沙丘的部分植被覆盖进行了估算。Hird 等（2017）使用无人机以用户定义的时间尺度及相对较低的成本，在有限的区域内提供详细的、空间明确的植被覆盖度测量，并对多个 5 m×5 m 小区在 3 个不同高度层 10 m、20 m 和 30 m 的草本植物和灌木植被覆盖度进行了估算，表明估计值和实地测量值之间存在很强的正相关性，强调了无人机进行植被覆盖度和植被高度测量的新兴价值。Guangjian Yan 等（2019）针对图像中有限的定量光谱信息和颜色变化可能会导致深刻的误差和不确定性，提出了一种基于 HSV（Hue－Saturation－Value）颜色空间的颜色混合分析方法，利用无人机的灵活性，从近距离遥感图像中获取颜色端元，并将其用于近距离遥感图像的植被覆盖度估算，以提高无人机 RGB 图像 FVC 估计的精度和效率。李冰等（2012）以冬小麦为例提出一种获取植被指数阈值的方法。汪小钦等（2015）构造植被指数 VDVI，提出一种双峰直方图阈值法和直方图熵阈值法获取植被指数阈值的方法。刘艳慧等（2018）分析了无人机作为卫星遥感的优越补充，对呼伦贝尔草甸草原大样方植被覆盖度估算的可行性进行了验证，结果发现利用无人机数据及最大熵—遗传算法，建立了植被覆盖度与土壤背景的反演模型，通过获取无人机图像的动态阈值，实现植被与土壤背景的最佳分割，FVC 估算精度较高。赵静等（2019）通过无人机获取玉米田间可见光图像，利用采用监督分类与可见光植被指数统计直方图相结合确定阈值的方法提取玉米植被覆盖度，效果较好。张和钰等（2020）利用无人机平台获取高分辨率数字正射影像，利用决策树算法基于正射影像自动估算植被覆盖度，并与 DEM 数据进行叠加，提取了戈壁区稀疏植被覆盖度，获得了较好的精度，采用无人机影像数据分析戈壁区稀疏植被分布特征具有很好的适用性。于惠等（2021）基于无人机和可见光植被指数对小区域内的植被覆盖度进行实时、快速监测，并分析了 6 种基于可见光的 RGB 植被指数对荒漠草地植被的识别能力，得出基于 NGRDI 提取的植被覆盖度与监督分类的真实值最为接近，提出在今后的工作中可结合无人机多光谱、高光谱数据进一步提高植被覆盖度的监测精度，为植被覆盖度的快速估算和监测提供技术支持。以上研究大都是利用无人机遥感图像，针对某一特定作物，探讨一种适合植被指数阈值的提取方法。

4.3.3　试验与数据采集

以棉花、花生、玉米为研究对象，无人机数据试验区域位于为山东省金乡县、山东省莒县。试验采用大疆 Mavic 2 无人机，镜头焦距 24 mm。数据采集拍摄时间为 2019 年 6 月下旬，拍摄高度 60 m，低空拍摄，飞行速度为 18 km/h，旁向重叠度以及航向重叠度均为 80%，拍摄时天气状况良好，无风少云。无人机可见光图像地面分辨率为 2.2 cm，利用 Pix4DMapper 软件图像进行拼接处理，获得正射影像图。本研究中对可见光红、绿、蓝 3 个波段中心波长的位置和波段范围并没有严格要求，所获取的影像没有进行辐射定标。

4.3.4　选取植被指数

在遥感应用领域，植被指数已广泛用来定性和定量评价植被覆盖及其生长活力。由于植被光谱表现为植被、土壤亮度、环境影响、阴影、土壤颜色和湿度复杂混合反应，而且受大气时空变化的影响，植被指数没有一个普遍的值，其研究结果经常不同。研究结果表明，利用遥感卫星的红光和红外波段的不同组合进行植被研究非常好，这些波段在气象卫星和地球观测卫星上都普遍存在，并包含90%以上的植被信息，这些波段间的不同组合方式统称为植被指数。植被指数有助于增强遥感影像的解译力，并已作为一种遥感手段广泛应用于土地利用覆盖探测、植被覆盖估算、作物识别和作物产量预测等方面。植被指数还可用来诊断植被一系列生物物理参量：叶面积指数（LAI）、植被覆盖率、生物量、光合有效辐射吸收系数（APAR）等；又可用来分析植被生长过程：净初级生产力（NPP）和蒸散等。

　　为了估算植被覆盖度，研究人员最早发展了比值植被指数（RVI）。但RVI对大气影响敏感，而且当植被覆盖不够浓密时（小于50%），它的分辨能力也很弱，只有在植被覆盖浓密的情况下效果最好。归一化植被指数（NDVI）对绿色植被表现敏感，它可以对农作物和半干旱地区降水量进行预测，该指数常被用来进行区域和全球的植被状态研究。对低密度植被覆盖，NDVI对于观测和照明几何非常敏感。但在农作物生长的初始季节，将过高估计植被覆盖的百分比；在农作物生长的结束季节，将产生估计低值。将各波段反射率以不同形式进行组合来消除外在的影响因素，如遥感器定标、大气、观测和照明几何条件等。这些线性组合或波段比值的指数发展满足特定的遥感应用，如作物产量、森林开发、植被管理和探测等。农业植被指数（AVI）针对作物生长阶段测量绿色植被；多时相植被指数（MTVI），将两个不同日期的数值相减，是为了观测两个日期植被覆盖条件的变化和作物类型的分类，并用来探测由于火灾和土地流失造成的森林覆盖变化。归一化差异绿度指数（ND-

GI），可用来对不同活力植被形式进行检验。归一化差异指数（NDI）建立了光谱反射率和棉花作物残余物的表面覆盖率的关系，可进行作物残余物制图。借鉴国内外研究进展，表4-1给出了目前常用于提取植被覆盖度的植被指数。

表4-1　常用于植被覆盖度遥感估算的植被指数

植被指数	计算公式
归一化植被指数（NDVI）	$NDVI = (\rho_{nir} - \rho_r)/(\rho_{nir} + \rho_r)$
过绿植被指数（EXG）	$EXG = 2\rho_g - \rho_r - \rho_b$
红绿比植被指数（RGRI）	$RGRI = \rho_r/\rho_g$
蓝绿比植被指数（BGRI）	$BGRI = \rho_b/\rho_g$
红绿蓝植被指数（RGBVI）	$RGBVI = (\rho_g\rho_g - \rho_r\rho_b)/(\rho_g\rho_g + \rho_r\rho_b)$
归一化绿红差异指数（NGRDI）	$NGRDI = (\rho_g - \rho_r)/(\rho_g + \rho_r)$
波段差值植被指数（VDVI）	$VDVI = (2\rho_g - \rho_r - \rho_b)/(2\rho_g + \rho_r + \rho_b)$
垂直植被指数（PVI）	$PVI = (\rho_{nir} - a \times \rho_r - b)/\sqrt{1 + a^2}$
修正植被指数（MVI）	$MVI = \sqrt{(\rho_{nir} - \rho_r)/(\rho_{nir} + \rho_r) + 0.5}$
比值植被指数（RVI）	$RVI = \rho_r/\rho_{nir}$

注：ρ_r、ρ_g、ρ_b、ρ_{nir}分别为红、绿、蓝、近红外波段的反射率或像元值。

上述植被指数大都基于可见光–近红外波段，无人机和地面数码相机采集的图像为可见光RGB三波段。基于已有研究基础，参考目前研究较多、精度较高的植被指数，选取5种基于可见光波段的植被指数，即过绿植被指数（EXG）、可见光波段差值植被指数（VDVI）、红绿比植被指数（RGRI）、蓝绿比植被指数（BGRI）、红绿蓝植被指数（RG-BVI），用于基于无人机可见光的植被覆盖度提取。

4.3.5 植被覆盖度提取

已有研究表明，用植被指数进行阈值分割可以有效区分植被、水体、土壤和建筑物等地物。结合试验区域现实情况，本研究对地面数码相机拍摄的单幅可见光图像进行试验，使用 Envi 软件分别利用上述 5 种植被指数进行植被覆盖度提取处理，选取合适的图像分割阈值，将无人机 RGB 图像分割为植被、土壤进行植被覆盖度提取，对提取结果进行了分析比较。

4.3.5.1 植被覆盖度提取流程

利用地面数码照片的植被覆盖度提取结果如附图 4-6 所示。为验证不同植被指数植被覆盖度的提取精度，结合试验照片地面实地情况，以试验照片选取的植被点与土壤点作为真值验证数据，计算混淆矩阵，如表 4-2 所示。

可以看出，针对地面试验照片，各植被指数阈值分割提取的植被覆盖度精度各不同，其中植被指数 VDVI、RGRI、RGBVI 提取精度较高，能够有效区分植被和土壤。土壤在可见光绿波段与植被有重叠，在绿光波段土壤不易与植被区分，植被指数 VDVI 的构造过程中充分考虑了红、绿、蓝波段 3 个波段的光谱特性，更易于区分植被和非植被，该研究选用 VDVI 作为作物植被覆盖度阈值分割的植被指数。

表 4-2 试验区域植被覆盖度精度分析（%）

植被指数	EXG	VDVI	RGRI	BGRI	RGBVI
地面照片	93.67	98.12	97.89	89.71	98.01

　　为了验证植被指数 VDVI 阈值分割提取植被覆盖度的适用性，本书结合监督分类结果，分别提取了不同生长时期的棉花、花生、玉米无人机可见光图像植被覆盖度，其主要流程如图 4-9 所示。

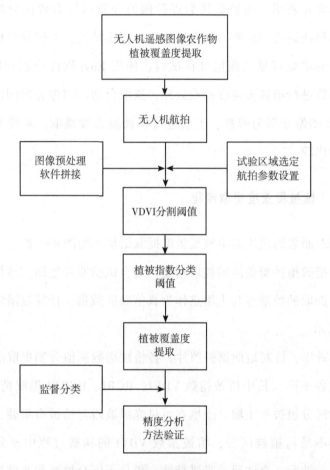

图 4-9　植被覆盖度提取流程

4.3.5.2　植被覆盖度提取结果评价方法

　　目前较为常用的植被覆盖度提取精度评价的方法主要是目视解译获

取感兴趣区域进行评价，针对感兴趣区域植被冠层覆盖情况，结合地面调查数据和图像现实状态对感兴趣区域进行目视解译。由于该方法受人力、物力等条件的限制较大，不适合多种作物、大区域植被覆盖度的提取结果评价。

将支持向量机的监督分类结果作为植被覆盖度真值，将无人机获取的可见光遥感图像，通过支持向量机监督分类获取的植被覆盖度结果作为本研究中植被覆盖度真值，对采用植被指数阈值获取的作物植被覆盖度进行精度计算。

4.3.5.3 植被指数计算与阈值确定

以棉花、花生、玉米3个试验区域无人机采集的可见光遥感图像为数据源，进行支持向量机的监督分类，得到分类结果。在监督分类结果的基础上，分别对棉花、花生、玉米的可见光波段差异植被指数 VDVI 进行统计分析，统计直方图如图 4-10 至图 4-12 所示。

无人机获取棉花、花生、玉米3种作物 RGB 图像时期的天气情况一致，本书研究忽略天气对 RGB 图像处理结果的影响。从图 4-10 至图 4-12 可以看出，在棉花、花生、玉米3种作物生长前期，植被像元和土壤像元的 VDVI 统计直方图各不相同。图 4-10 所示，棉花植被像元和土壤像元 VDVI 统计直方图呈双峰分布，表明棉花试验区域中植被像元和土壤像元个数相差不大；图 4-11 所示，花生植被像元 VDVI 统计直方图在下、土壤像元 VDVI 统计直方图在上，并呈锯齿形分布，主要原因是花生土壤中含有地膜混合像元，花生试验区域中土壤像元明显多于花生植被像元；图 4-12 所示，玉米植被像元、土壤像元 VDVI 统计直方图呈现高、低双峰分布，表明玉米试验区域植被像元明显多余土壤像元。

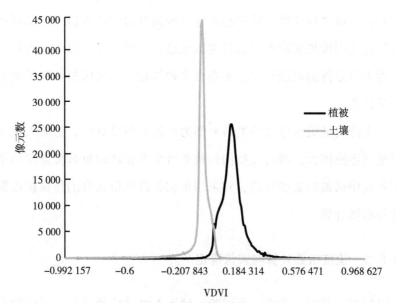

图 4-10 棉花 VDVI 植被指数统计直方图

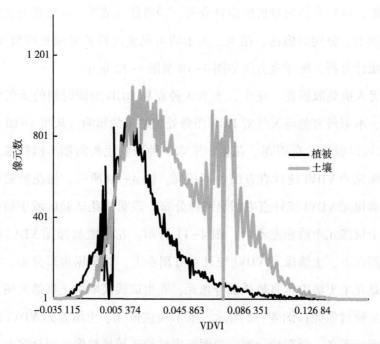

图 4-11 花生 VDVI 植被指数统计直方图

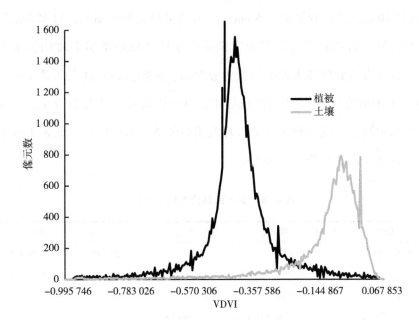

图 4-12 玉米 VDVI 植被指数统计直方图

考虑在本次无人机获取的 RGB 图像中，无人机 RGB 图像中有混合像元的存在，选取统计直方图中棉花、花生、玉米土壤像元和植被像元的 VDVI 统计直方图的相交区域作为植被指数分割阈值区域，在本区域内选择合适数值作为植被与非植被的分割阈值。

4.3.5.4 农作物植被覆盖度提取与分析

基于上节介绍的阈值确定方法，分别统计 3 种作物植被指数 VDVI 中植被、土壤的像元分布直方图，得到植被覆盖度提取阈值区域，在该区域内确定合适的 VDVI 图像分类阈值。使用 Envi 软件分别对棉花、花生、玉米进行植被覆盖度提取，提取结果如附图 4-7、附图 4-8、附图 4-9 所示。

为避免人为误差影响、提高植被覆盖度提取精度，利用更高分辨率

（航高 40 m，地面分辨率 1.5 cm）无人机可见光遥感图像，以多人次图像监督分类结果的平均值作为本试验中 3 种作物植被覆盖度的提取真值。以玉米试验区域无人机图像为数据源，根据目视判读在图像上选定 80 个玉米植被和 80 个土壤区域样本，进行支持向量机监督分类，分别对玉米植被、土壤的分类结果计算混淆矩阵进行精度验证，如表 4-3 所示，计算 Kappa 系数为 0.987 9。

表 4-3　玉米监督分类精度分析

地物	玉米（像元）	土壤（像元）	样本总数	用户精度
玉米（像元）	29 611	54	29 665	0.998 1
土壤（像元）	257	22 405	22 662	0.988 6
样本总数	29 868	22 459	52 327	
生产者精度	0.991 4	0.997 6		

　　由表 4-3 可知，支持向量机的监督分类结果精度较高，可以作为植被指数阈值分割方法的真值。监督分类方法得到的棉花、花生、玉米试验区域植被覆盖度提取结果分别为 54.81%、35.00%、69.72%；基于植被指数 VDVI 阈值方法提取的 3 种作物植被覆盖度结果为 55.60%、36.18%、71.10%。对采用上述植被指数阈值法获取的植被覆盖度进行精度分析。

　　以监督分类结果为真值，对 VDVI 阈值法提取的 3 种作物植被覆盖度进行精度计算，数值如表 4-4 所示。由此可见，花生植被覆盖度提取误差较大；棉花、玉米试验区植被覆盖度提取误差较小，均小于 2%。对比发现，棉花试验区植被覆盖度适中，无明显混合像元存在，VDVI 阈值分类对棉花试验区域提取效果最好；VDVI 阈值分类对花生试验区域植被覆盖度识别能力最差，造成这种结果的原因在花生试验区域存在大量地膜混合像元；由于玉米试验区域存在较高的植被覆盖度，无明显混合像元存在，VDVI 阈值分类提取效果较好。

表 4-4 试验区域植被覆盖度精度分析（%）

植被覆盖度	棉花	花生	玉米
监督分类	54.808 9	35.003 9	69.719 6
VDVI 阈值分类	55.598 8	36.182 3	71.098 4
绝对误差	0.789 93	1.178 43	1.378 82
误差	1.441 24	3.366 58	1.977 67

4.3.5.5 植被覆盖度提取方法验证

为了进一步验证利用无人机可见光图像 VDVI 阈值提取棉花、花生、玉米 3 种作物植被覆盖度方法的适用性和可靠性，将以上提取的植被覆盖度阈值作为固定阈值，截取 Pix4Dmapper 软件拼接的同时期、相邻试验区域正射图像，用同样的方法进行植被覆盖度提取。同样以支持向量机监督分类结果的平均值作为本次验证试验中 3 种作物植被覆盖度的提取真值。分别得到监督分类和阈值提取的棉花、花生、玉米植被覆盖度，其精度统计分析如表 4-5 所示。

表 4-5 验证区域植被覆盖度精度分析（%）

植被覆盖度	棉花	花生	玉米
监督分类	57.002 7	35.439 4	69.037 4
VDVI 阈值分类	57.998 8	36.980 3	71.165 1
绝对误差	0.996 1	1.540 9	2.127 7
误差	1.747 46	4.347 98	3.081 95

4.3.6　结论与讨论

上述精度评价表明，验证图像中 3 种作物植被覆盖度总体提取精度较高。监督分类棉花、花生、玉米植被覆盖度提取结果分别为 57.00%、35.44%、69.04%；植被指数 VDVI 阈值分类方法提取的 3 种作物植被覆盖度结果为 58.00%、36.98%、71.16%，VDVI 阈值分类方法提取的 3 种作物的植被覆盖度普遍高于监督分类方法提取结果。VDVI 阈值分类方法提取的棉花植被覆盖度精度最高、花生植被覆盖度精度最低，原因在于无人机获取的棉花图像植被、土壤像元分布纯净；花生图像中含有地膜混合像元存在，植被、土壤像元分布不纯净。

基于以上的试验及验证结果，认为 VDVI 阈值分类方法能够适用于无人机可见光波段棉花、花生、玉米作物植被信息的提取，提取精度高。

本书利用无人机获取的可见光图像数据，使用植被指数阈值分类方法分别对棉花、花生、玉米冠层盖度进行提取与评估，得出以下研究结果。

（1）利用目前市面上通用的消费级无人机，可以实现田间尺度上农作物高分辨率、高时相遥感图像的获取，易操作、成本低、精度高。

（2）结合监督分类与植被指数 VDVI 统计直方图，可以获取提取植被覆盖度的植被指数分类阈值范围，便于确定植被指数图像分类阈值。VDVI 阈值分类方法能较好地区分植被与非植被。

（3）VDVI 阈值分类方法对棉花、花生、玉米 3 种作物的植被覆盖度提取精度较高。相对于含有地膜混合像元的花生作物，此方法对棉花、玉米作物的植被识别精度更高。

与现有的基于无人机可见光图像的植被覆盖度提取方法相比，本研究提出的植被覆盖度提取方法具有诸多优势，可以在较小区域内，针对夏季典型作物棉花、花生、玉米的植被覆盖度进行较高精度的提取，在农作物冠层信息提取方面有很好的应用前景。由于低空无人机遥感仍处于迅速发展阶段，仍有一些需要改进的地方，如无人机机身稳定性不够高、图像缺乏精校正等问题。将低空无人机数据运用于地面参数的高精度信息提取时，无人机可见光图像获取天气对结果的影响、图像的辐射定标和大气纠正等问题，著者将在以后工作中进一步研究。

4.4 利用无人机可见光影像提取花生出苗率研究

利用无人机可见光影像，以花生为研究对象，首先选取不同的植被指数进行可见光图像阈值分割，对比分析不同植被指数的分割效果，选取最优指数分割方法；介绍了确定适合花生的植被指数提取出苗率的方法。

4.4.1 研究背景及意义

花生作为中国五大油料作物之一，是中国粮油资源中少数具有生产、消费和贸易优势的特色农产品。花生是食用油和蛋白质的重要来源，是食品工业的理想原料，在国民经济可持续快速发展中发挥着重要作用。促进花生产业发展、提高花生产量和品质是当前研究的重要突破点，也是缓解油脂供需矛盾的重要途径。

花生产量与管理措施、环境等许多因素直接相关。同时，种植密度是影响花生最高产量的重要组成因素。几项研究分析了花生产量对种植密度的响应，得出的结论为种植密度是花生产量的关键组成部分，合理提高种植密度是增加产量的重要措施。提高花生的产量，保障粮油安全，还需要采取若干措施来实现。生产现代化，使其更加智能与高效，具有至关重要的作用。这将成为生产效率提高的基础，并将为农民提供所需的作物生长信息，控制以前无法实现的变量。在遥感等现代化农业高新技术不断推动下，在花生种植行业现代化转型的引领下，花生的产量将得到巨大提升。

出苗情况的及时获取对于后续的田间决策与田间管理具有重要指导意义。花生种植户通常在花生苗期采用人工计数的方式获得花生幼苗的数量，并以此作为评价雇佣机具和机手作业质量的依据，决定是否全额支付机具、机手的作业费。但对于规模化的田间种植，花生幼苗数量统计工作量大，效率低下，不利于及时评价，也会因人为判断而产生争议。生产中急需实时、高效、精准、客观的出苗质量评价方法，起到监督雇佣机手的作业、提升播种质量的目的。随着无人机技术的发展，无人机搭载可见光成像设备作为一种新的信息获取手段，也已经应用于作物的生长监测、调控措施决策和产量预测等领域。运用无人机获取作物幼苗数量，并评价出苗率和出苗质量，不但省时省力，而且计算结果客观精确，这也使构建基于无人机遥感评估花生出苗的技术方法成了可能。

通过对国内外有关文献的深入分析，本研究详细阐明了无人机遥感技术在花生出苗率监测和产量预测领域的发展情况，并指出其中的一些不足。通过利用无人机技术，可以更加有效地收集遥感数据，并运用于实验区的花生长势监测研究，从而更加准确地反映出农业生产的状况，为农业高质量发展提供有力的支持。

4.4.2 研究现状

近年来遥感技术已应用于农业生产各个方面，如作物不同生育期长势监测、生长参数反演等，遥感技术辅助作物表型信息分析并与环境效应联系分析，进一步获取与作物生长状况、环境胁迫条件等相关信息，将有助于优化栽培种植模式，提高作物产量。受分辨率、重访周期、天气等因素的限制，传统的卫星与航空遥感数据难以满足田块尺度数据的获取，而低空无人机遥感平台能够快速的获取高时间分辨率、高空间分辨率的影像，为实现田块尺度的监测实现了可能。无人机作为新的空中平台，可搭载使用具有高空间和时间分辨率的传感器来获取图像，以检测和量化作物变化。

国内外学者基于无人机获得遥感信息，进行病虫害监测、营养检测、作物生长监测等研究，并根据不同作物的生长特征建立关系模型，取得了一定的进展。从无人机获取的图像中估算冠层覆盖率、植物密度和各种植被指数的研究，并通过技术手段预测作物产量，已取得了快速发展。

确定单位面积植物数量是评估种植密度和田间出苗以及产量潜力的重要指标，是评估作物生理特征以及最终产量的重要信息。作物出苗受气候、土壤、种子活力、播种质量等多方面因素的综合影响，花生出苗率经常无法达到预期设定。及时准确地确定种植密度关乎作物生产与田间管理的关键管理决策。目前最常用的方法是人工调查，但人工调查费时费力且准确度低下，成本和人工是提高测量精度和测量面积的制约因素。针对这一问题，利用无人机获取田间图像并通过数字图像处理技术获取的数字化方法是解决方案。无人机平台为估算种植密度提供了便利。无人机在农业领域的应用呈指数级增长，并越来越多地关注于植物计数。在这个应用中，无人机在预定的农场区域上空飞行，然后由视觉计算系统带来所需信息的关键部分。利用图像处理技术对无人机遥感图像进行识别与分析，获取作物幼苗信息，计算不同处理下的出苗数量，并建立基于无人机与机器视觉的作物出苗关系模型，可为精准农业作物田间决策与生产管理的及时、准确获取信息提供数据支撑。且通过无人机图像与图像处理技术获取幼苗数量，省力省时高效便宜，并且计算结果较为准确。获取作物数量的关键是从作物的数字图像中将绿色植被与土壤背景有效分割，这也是当前作物表型研究的热点之一。影像植被分割已成为重要的研究内容。在作物图像的利用中，一个非常重要的步骤是有效地将图像中的植被部分从其背景中分割出来，因为作物图像通常包括非植被部分作为背景。

使用传统的 RGB 数码图像是一种低成本的替代方案，前人使用植被指数（过绿植被指数 EXG、植物指数 VEG 等）来识别和分离作物图像中的植被。Zhang 等（2018）使用植被指数和图像分割技术提取玉米植物，Shuai 等（2019）应用相同的方法对玉米植物进行计数，结果准确率大于 95%。在图像中对玉米植物计数，通过提高图像对比度并使用分割技术，最终得到的误差小于 5%。一些研究广泛而成功地实现了从 RGB 颜色模型到 HSI、CIELAB 和 CIELUV 颜色模型的转换，以便将绿色植被与图像分离出来，并在不同的生长条件下提供表型和基因型数据。CIELAB 颜色模型较少依赖于照明，它根据人眼的颜色感知来定义颜色。这种颜色模型被认为是均匀的，也就是说，两种颜色之间的距离是一个线性的颜色空间，对应于它们之间感知的差异。CIELAB 色彩空间基于这样一个概念，即颜色可以被认为是红色和黄色、红色和蓝色、绿色和黄色、绿色和蓝色的组合。为了确定目标颜色的确切组合，在三维色彩空间（Lab）中分配坐标。3 个颜色坐标分别是亮度、红色绿色坐标、黄色蓝色坐标。对象检测方法（如模板比较）常用于遥感，以区分图像中存在的对象及其位置。模板比较是最早也是最简单的方法之一，但在复杂图像中拥有很高的误差率。在模板比较中，可以理解为对对象进行分类的技术，使用模板或图像样本并扫描一般图像以通过归一化互相关找到样本图像。相关性是衡量两个变量或信号一致程度的指标，它不一定是实际值，它是相同变量或信号的一般表现。在图像中，这两个变量是两个图像中相应的像素值。Koh 等（2019）使用模板比较方法检测生长早期阶段的红花幼苗，使用模板比较法在人工计数和数字计数之间的相关系数为 0.86。使用这种方法对作物进行分类，精度为99.8%，采用模板比较，在油棕计数中发现精度约为 86%。归一化互相关与模板比较，结合 CIELAB 色彩空间，还可进行玉米植株的计数。

在影像植被分割过程中，如何克服各种自然光条件是一个挑战，这些自然光条件有时会强烈影响户外拍摄的作物图像的轮廓，导致植物的镜面反射与阴影的出现，这往往使得将植被部分从图像中的背景部分分割出来变得相当困难。许多方法在受控光照条件下都表现出了良好的提取性能，但在自然光照条件下拍摄的 RGB 图像中，仍然很难正确地提取出植被，因为图像中可能包含植物的阴影部分和光照部分，以及植物的镜面反射部分。一些研究试图从现有的 RGB、HSV、CIE Lab、Ohta的色彩空间中寻找用于分割的最佳色彩空间，但最佳特征因目标植物不同而存在差异，并且还没有共同的特征集。其他研究提出了一些新的颜色特征，使用基于植被颜色特征的绿色强调公式对植被进行分割。EXG、EXG-EXR、Modified-EXG、NDI 等在植被分割中得到了广泛的应用。这些颜色特征方法是基于一个前提，将每幅图像中的植被和背景像素投影到一个平面上，并通过预先计算的阈值将它们清晰地分开。除了 EXG-EXR 外，这些方法都存在一定局限性，因为它们可能需要不同的颜色阈值，而阈值通常取决于拍摄图像时的光照条件。当大量的图像是在相同时间序列中拍摄时，这将出现诸多问题。此外，研究表明，通过这些特征将植被从背景中分离出来并不可靠，特别是当图像中包含镜面反射部分和阴影部分时，这些部分会削弱彩色特征。因此，有学者建议避免在强烈阳光条件下拍照。然而，在以周期性间隔自动拍摄图像时无法选择光照条件。为了解决这些局限性，采用了机器学习方法来利用多个颜色特征的总信息，可使用 k-means 等聚类方法自动构建训练数据集，手动为自动生成的每个集群分配一个类，并使用每个类的数据训练机器学习分类模型，如反向传播神经网络。但是，由于每个集群都是自动生成的，因此不能保证类的精确，除非进行仔细与详细的人工交互操作。Guo 等（2013）提出了一种基于小麦图像从可见光图像中提取绿色植株的方法。该方法基于机器学习过程、决策树、图像降噪滤波器。在训练过程中采用 CART 算法创建决策树，并通过测试图像检测其性能，并将其与最近广泛使用的其他方法如 EXG、EXG-EXR 和 Modified-EXG 的性能进行比较。结果表明，利用该方法提取绿色植株的精确度明显优于其他方法，尤其是对于包含强阴影和镜面反射部分的图像。该方法的优点是可以在自然光条件下拍摄图像，可将同一分割模型用于不同的图像，且不需要针对每幅图像再进行阈值调整。

一些学者使用深度学习、分割算法和神经网络等来计算植物的数量。Kitano 等（2019）提出了一种针对嵌入在无人机中的 RGB 传感器拍摄的图像，通过 U-Net 架构的应用，在相对较小的数据集上进行训练和分类，利用深度学习在不同飞行高度、植物种植密度、生长阶段进行植物计数的新方法。Ribera 等（2017）详细介绍了通过卷积神经网络（CNN）计数高粱植株的过程，采用了 AlexNet、Inception-v2、

Inception-v3 和 Inception-v4 的结构，并进行了一些修改，使用回归方法来估计图像中植物的数量。在网络的最后一层，它由一个神经元组成，表示图像中植物的数量，然后对植物数量进行回归。使用 Inception-v3 架构获得了最好的结果，平均绝对百分比误差（MAPE）为 6.7%。用于植物自动计数的一些方法受作物生长阶段的影响，对不同生长阶段有不同的结论。使用 Inception-V2、ResNet101 和 Inception ResNetV2 架构检测识别并对桉树数量进行计算。ResNet101 模型获得了最好的精度，但由于模型计算的需求，需要在经过数字图像处理后使用该模型。在这种情况下，在 3 种模型中，Inception-v2 网络获得了每个监测期下的最佳效果，其结果的准确性仅比 ResNet 101 低 1.3%，但生成结果的速度是 ResNet101 的 7 倍。由于计算成本低，利用无人机图像进行植物处理和检测的可能性得到确认。利用计算视觉来自动计算玉米中的植物数量，开发了一种利用陆地交通工具获取的图像来感知植物数量的系统。利用数字图像处理技术研究了玉米植株的数字化计数，首先通过彩色光谱差异将采集到的航拍图像中的玉米植株分离出来，然后将图像中出现的绿色像素数与人工计数的植株进行关联。Fan 等（2018）提出了一种基于深度神经网络的新算法来检测无人机图像中的烟草植物。先利用形态学运算和分水岭分割提取候选烟草植株，再利用深度卷积网络对候选烟草和非烟草植物进行分类，然后进一步处理，将非烟草植物区域进行剔除。

4.4.3 数据采集与预处理

本节试验所用数据采集区域为山东省花生研究所莱西试验基地，莱西市地处温带半湿润季风气候区，四季分明，干湿显著，雨热同季。年平均气温 11.3℃，气温年温差较小；月平均气温最高 24.9℃，最低 -3.8℃；年平均降水量 732 mm；历年平均风速 2~3 级，海陆风较明显，该区域优越的自然地理环境，适宜的土壤和气候，为花生提供了理想的生长环境。

4.4.3.1 试验数据采集

数据采集时间为 2021 年 6 月，在花生幼苗期进行数据采集。选用高产花育 22 作为研究对象，4 月 30 日播种。试验区域垄长 5 m，垄宽 80 cm，穴距 18 cm，密度 9 200 穴/亩，垄顶 55 cm，垄沟 30 cm。试验采用大疆 Mavic 2 无人机（图 4-13），该无人机是一款经典的消费级无人机，采用了 1/2.3 英寸 CMOS，有效像素 2 000 万，支持 2 倍光学变焦（等效焦距为 24~48 mm）与 2 倍电子变焦（48~96 mm）。

图 4-13　大疆 Mavic 2 无人机

为保证数据采集时刻光照条件的一致性，选择晴朗无风天气，设定无人机采集图像时的 3 个不同的飞行高度，旁向重叠度、航向重叠度均为 80%。为确保无人机在执行飞行任务时的准确性与安全性，在起飞前需要对其完成以下检查：正确安装电池，展开螺旋桨翼，确保云台及摄像机正常；检查电池、云台及摄像机等是否安装牢固；对无人机航线以及参数进行检查，设定好航点、航向、飞行高度、飞行速度、图像重复率。本书数据采集拍摄时间为 2021 年 6 月，拍摄高度 25 m，低空拍摄，飞行速度为 18 km/h，旁向重叠度以及航向重叠度均为 80%，拍摄时天气状况良好，无风少云。

4.4.3.2 无人机数据预处理

田间花生图像采集工作完成后，使用 pix4D 软件将无人机可见光图像分别进行拼接处理，图 4-14 为 pix4D 软件拼接成的试验区域无人机可见光图像。最后按照各试验小区内选取样区，进行裁剪分割分类。

图 4-14 无人机可见光拼接图像

图像拼接完成后，选取试验区域，进行图像裁剪处理。基于地面采样点地块位置边界对图像进行剪切，利用 ArcGIS 裁剪最终制作的试验区花生航空摄影影像，裁剪截取研究区的图像。在研究区域内选择花生出苗率试验区域，试验区域共包含 23 行花生，分布情况如图 4-15 所示。根据研究区花生一穴一粒的播种方式，可计算出每个样方的播种株数。出苗率为样方内出苗株数与播种株数之比，因而可计算出试验区域的出苗率，调查结果显示试验区整体出苗率为 74.57%。

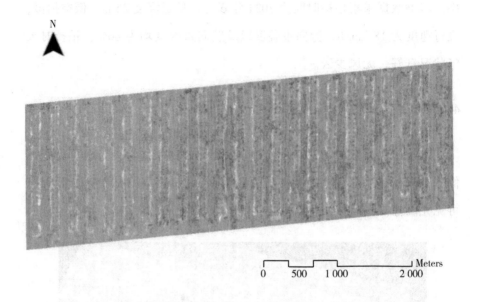

图 4-15　研究区无人机图像

4.4.4　花生出苗率估算

植被与背景（土壤）分离是获取花生出苗情况的前提。在遥感应用领域，植被指数已广泛用来定性和定量评价植被覆盖及其生长活力。由于植被光谱表现为植被、土壤亮度、环境影响、阴影、土壤颜色和湿度复杂混合反应，而且受大气空间、时相变化的影响，因此植被指数没有一个普遍的值，其研究经常表明不同的结果。目前常见的研究应用较多的植被指数有归一化植被指数、比值植被指数、差值植被指数、垂直植被指数、正交值植被指数等。参考目前研究较多的植被指数，选取了 5

种基于 RGB 波段的植被指数：过绿植被指数（EXG）、RGB 波段差值植被指数（VDVI）、红绿比植被指数（RGRI）、蓝绿比植被指数（BGRI）、红绿蓝植被指数（RGBVI）。

4.4.4.1 FVC 提取方法的建立

已有研究表明，用植被指数进行阈值分割可以有效区分植被、水体、土壤和建筑物等地物。结合试验区域现实情况，本研究对单幅 RGB 图像进行试验，分别利用上述 5 种植被指数进行植被覆盖度提取，选取合适的图像分割阈值，将图像分割为植被、土壤进行植被覆盖度提取，对提取结果进行了分析比较。为验证不同植被指数植被覆盖度的提取精度，结合试验照片地面实地情况，以试验照片选取的植被点与土壤点作为真值验证数据，计算混淆矩阵，如表 4-6 所示。

表 4-6 试验区域植被覆盖度精度分析（%）

植被指数	EXG	VDVI	RGRI	BGRI	RGBVI
地面照片	93.67	98.12	97.89	89.71	98.01

可以看出，针对地面试验照片，各植被指数阈值分割提取的植被覆盖度精度各不同，其中植被指数 VDVI、RGRI、RGBVI 提取精度较高，能够有效区分植被和土壤。由于土壤在可见光绿波段与植被有重叠，在绿光波段土壤不易与植被区分，植被指数 VDVI 的计算过程充分考虑了红、绿、蓝波段 3 个波段的光谱特性，更易于区分植被和非植被。本书研究选用作 VDVI 为花生植被覆盖度阈值分割的植被指数。

4.4.4.2 植被指数计算与阈值确定

以花生试验区域采集的 RGB 遥感图像为数据源，根据试验区域大小，使用目视判读的方法从图像上分别选取土壤像元样本和植被像元样本，进行支持向量机的监督分类，得到各自分类结果。在监督分类结果的基础上，对花生的 RGB 波段差异植被指数 VDVI 进行统计分析，统计直方图如图 4-16 所示。

由图 4-16 可见，花生植被像元 VDVI 统计直方图在下、土壤像元 VDVI 统计直方图在上，并呈锯齿形分布，主要原因是花生土壤中含有地膜混合像元，花生试验区域中土壤像元明显多于花生植被像元。以统计直方图中土壤像元和植被像元的 VDVI 统计直方图的相交区域作为植被指数分割阈值区域。对花生试验区 RGB 图像进行 VDVI 阈值分割，图 4-17 为分割效果图。

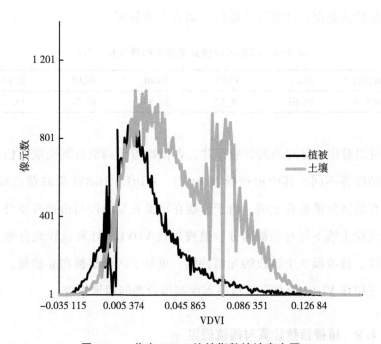

图 4-16　花生 VDVI 植被指数统计直方图

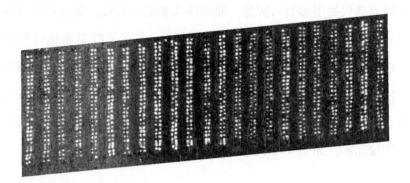

图 4-17　花生 VDVI 阈值分割效果

4.4.4.3　花生出苗率估算

阈值分割结果完成后，需要进行一定的图像处理操作。形态学运算是针对二值图像依据数学形态学的集合论方法发展起来的图像处理方法。形态学图像处理表现为一种邻域运算形式，一种特殊定义的领域称为"结构元素"（structure element），在每个像素位置，它与二值图像对应的区域进行特定的逻辑运算，逻辑运算的结果为输出图像的响应像素。简单来讲，形态学操作就是基于形状的一系列图像处理操作，通过将结构元素作用于输入图像来产生输出图像。

最基本的形态学操作有腐蚀与膨胀（erosion 和 dilation）。腐蚀的目的是消除噪声、分割出独立的图像元素，寻找出图像中明显的极小值区域。腐蚀就是求图像局部区域最小值的操作，通过将图像与内核进行卷积，计算核的覆盖区域的像素点的最小值。膨胀的目的是在图像中连接相邻的元素、寻找出图像中明显的极大值区域。腐蚀就是求图像局部区域最大值的操作，通过将图像与内核进行卷积，计算核的覆盖区域的像素点的最大值。进行腐蚀与膨胀运算时，需要先确定进行卷积的内核大小，以及迭代使用函数的次数，即腐蚀或膨胀的次数。通过调整内核大小以及迭代函数的次数，来达到理想结果。本方法需要先进行腐蚀操作，将图像中的噪声去除，将独立的图像元素分割开来。再进行膨胀操作，使目标图像元素边界向外部扩大，填补目标区域中某些空洞以及消除包含在目标区域中的小颗粒噪声，从而获取到边界明显、目标清晰的独立图像元素，如图4-18所示。

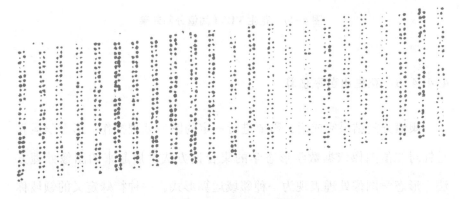

图4-18　图像运算示意图

获得独立图像元素后，需要对花生目标进行识别并计数。为达到此目的，需要先对图像元素进行轮廓检测。然后将图像轮廓逐个统计，最终自动获取单张图像内独立元素个数，即植株幼苗个数。无人机可见光图像的花生幼苗数通过计算机视觉获得，需要与人工计数相对比，验证自动估算值与真实值之间的关系，评估该方法在不同生育时期、不同种植密度下的准确性。通过对人工计数的出苗株数对比，基于SVM的花生株数估算模型具有较高的准确性，利用图像识别技术对花生试验区域进行植株估算，结果与精度分析如表4-7所示。

表4-7　花生出苗率估算

播种数	图像识别株数	地面调查株数	图像识别出苗率	地面调查出苗率	误差
1 380	1 018	1 029	73.77%	74.57%	0.8%

为了进一步验证利用无人机可见光图像进行花生出苗率估算方法的适用性和可靠性，选取不同航高、不同空间分辨率、不同试验区域的无人机可见光图像进行花生出苗率估算，利用验证集样本数据对花生苗数估算方法进行验证。图4-19为利用苗期图像获取到的预测值与真实值之间的验证。整体上呈现较好的拟合水平，R^2为0.965 1。需要指出的是，有些监测值接近真实值，有些则低于真实值，后续研究需进一步探讨影响监测准确性的因素。

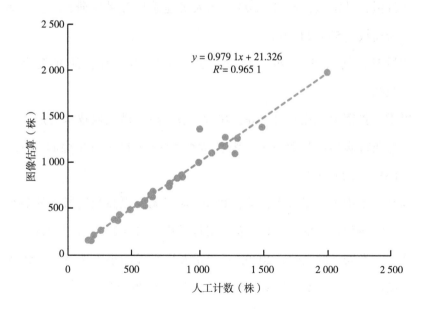

图4-19　图像估测结果验证

参考文献

陈万权，2013. 小麦重大病虫害综合防治技术体系 [J]. 植物保护
　　（39）：16-24.

陈晓凯，李粉玲，王玉娜，等，2020. 无人机高光谱遥感估算冬小
　　麦叶面积指数 [J]. 农业工程学报，36（22）：40-49.

程千，徐洪刚，曹引波，等，2021. 基于无人机多时相植被指数的
　　冬小麦产量估测 [J]. 农业机械学报，52（3）：160-167.

程志庆，张劲松，孟平，等，2017. 基于高光谱数据的杨树叶片干
　　物质含量的估算 [J]. 中国农业气象（38）：52-60.

崔红霞，林宗坚，孙杰，2005. 无人机遥感监测系统研究 [J]. 测
　　绘通报（5）：11-14.

邓绥林，刘文彰，1992. 地学辞典 [M]. 石家庄：河北教育出
　　版社.

冯雷，张德荣，陈双双，等，2012. 基于高光谱成像技术的茄子叶
　　片灰霉病早期检测 [J]. 浙江大学学报（农业与生命科学版）
　　（38）：311-317.

高林，杨贵军，于海洋，等，2016. 基于无人机高光谱遥感的冬小
　　麦叶面积指数反演 [J]. 农业工程学报，31（22）：113-120.

郭涛，颜安，耿洪伟，2020. 基于无人机影像的小麦株高与 LAI 预
　　测研究 [J]. 麦类作物学报，40（9）：1129-1140.

郭伟，朱耀辉，王慧芳，等，2019. 基于无人机高光谱影像的冬小
　　麦全蚀病监测模型研究 [J]. 农业机械学报（9）：162-169.

洪雪，2017. 基于水稻高光谱遥感数据的植被指数产量模型研究

［D］. 沈阳：沈阳农业大学．

胡景辉，2020. 基于无人机成像高光谱遥感数据的水稻估产方法研究［D］. 杭州：浙江大学．

胡炼，罗锡文，曾山，等，2013. 基于机器视觉的株间机械除草装置的作物识别与定位方法［J］. 农业工程学报，29（10）：12-18.

黄冲，姜玉英，李佩玲，等，2018. 2017 年我国小麦条锈病流行特点及重发原因分析［J］. 植物保护（44）：162-166，183.

黄文江，2015. 作物病虫害遥感监测与预测［M］. 北京：科学出版社．

黄文江，张竞成，师越，等，2018. 作物病虫害遥感监测与预测研究进展［J］. 南京信息工程大学学报（自然科学版）（10）：30-43.

霍治国，李茂松，王丽，等，2012. 气候变暖对中国农作物病虫害的影响［J］. 中国农业科学（10）：1926-1934.

贾洪雷，王刚，郭明卓，等，2015. 基于机器视觉的玉米植株数量获取方法与试验［J］. 农业工程学报，31（3）：215-220.

蒋金豹，陈云浩，黄文江，2010. 用高光谱微分指数估测条锈病胁迫下小麦冠层叶绿素密度［J］. 光谱学与光谱分析（30）：2243-2247.

蒋楠，2021. 基于多时序无人机影像的棉花估产研究［D］. 石河子：石河子大学．

蒋琦，2021. 基于无人机遥感影像的水稻生物量估测研究［D］. 武汉：武汉大学．

雷添杰，宫阿都，李长春，等，2011. 无人机遥感系统在低温雨雪冰冻灾害监测中的应用［J］. 安徽农业科学, 39（4）：2417-2419, 2423.

雷亚平, 韩迎春, 王国平, 等, 2017. 无人机低空数字图像诊断棉花苗情技术［J］. 中国棉花, 44（5）：23-25.

李冰, 刘镕源, 刘素红, 等, 2012. 基于低空无人机遥感的冬小麦覆盖度变化监测［J］. 农业工程学报, 28（13）：160-165.

李登科, 范建忠, 王娟, 2010. 陕西省植被覆盖度变化特征及其成因［J］. 应用生态学报, 21（11）：2896-2903.

李苗苗, 吴炳方, 颜长珍, 等, 2004. 密云水库上游植被覆盖度的遥感估算［J］. 资源科学, 26（4）：153-159.

李云, 徐伟, 吴玮, 2011. 灾害监测无人机技术应用与研究［J］. 灾害学, 26（1）：138-143.

李振岐, 1998. 我国小麦品种抗条锈性丧失原因及其控制策略［J］. 大自然探索（4）：72-77.

李振岐, 曾士迈, 2002. 中国小麦锈病［M］. 北京：中国农业出版社.

廖小罕, 周成虎, 2016. 轻小型无人机遥感发展报告［C］. 北京：科学出版社.

刘良云, 2014. 植被定量遥感原理与应用［C］. 北京：科学出版社.

刘琳, 郑兴明, 姜涛, 等, 2021. 无人机遥感植被覆盖度提取方法研究综述［J］. 东北师大学报（自然科学版）, 53（4）：151-160.

刘萍尚, 林海, 张军福, 等, 2004. 玉米种子室内发芽率与田间出苗率的相关性研究［J］. 玉米科学（S1）：129-131.

刘鑫，2011. 冬小麦不同生育时期渍水对出苗率和产量及品质的影响［D］. 泰安：山东农业大学.

刘艳慧，蔡宗磊，包妮沙，等，2018. 基于无人机大样方草地植被覆盖度及生物量估算方法研究［J］. 生态环境学报，27（11）：2023-2032.

刘占宇，黄敬峰，陶荣祥，等，2008. 基于主成分分析和径向基网络的水稻胡麻斑病严重度估测［J］. 光谱学与光谱分析（28）：2156-2160.

马慧琴，黄文江，景元书，等，2017. 基于 adaboost 模型和 mrmr 算法的小麦白粉病遥感监测［J］. 农业工程学报（5）：162-169.

马轮基，马瑞升，林宗桂，等，2005. 微型无人机遥感应用初探［J］. 广西气象，26（增刊1）：180-181.

马倩，2021. 基于无人机遥感技术的作物分布信息提取方法研究［D］. 北京：中国科学院大学（中国科学院教育部水土保持与生态环境研究中心）.

马瑞升，马舒庆，王利平，等，2008. 微型无人驾驶飞机火情监测系统及其初步试验［J］. 气象科技，36（1）：100-104.

马驿，2021. 基于无人机影像的水稻长势监测和产量估计［D］. 武汉：武汉大学.

马占鸿，2018. 中国小麦条锈病研究与防控［J］. 植物保护学报（45）：1-6.

马占鸿，石守定，姜玉英，等，2004a. 基于 gis 的中国小麦条锈病菌越夏区气候区划［J］. 植物病理学报（34）：455-462.

梅安新，彭望禄，2001. 遥感导论［M］. 北京：高等教育出版社.

裴浩杰，冯海宽，李长春，等，2017. 基于综合指标的冬小麦长势无人机遥感监测［J］.农业工程学报，33（20）：74-82.

浦瑞良，宫鹏，2000.高光谱遥感及其应用［M］.北京：高等教育出版社.

祁燕，王秀兰，冯仲科，等，2009.基于 RS 与 GIS 的北京市植被覆盖度变化研究［J］.林业调查规划，34（2）：1-4.

沈文颖，冯伟，李晓，等，2015.基于叶片高光谱特征的小麦白粉病严重度估算模式［J］.麦类作物学报（35）：129-137.

史舟，梁宗正，杨媛媛，等，2015.农业遥感研究现状与展望［J］.农业机械学报，46（2）：247-260.

孙刚，黄文江，陈鹏飞，等，2018.轻小型无人机多光谱遥感技术应用进展［J］.农业机械学报，49（3）：1-17.

滕连泽，罗勇，张洪吉，等，2018.无人机遥感在农业监测中的应用研究综述［J］.科技资讯，16（23）：122-124.

田明璐，班松涛，常庆瑞，等，2017.高光谱影像的苹果花叶病叶片花青素定量反演［J］.光谱学与光谱分析（37）：3187-3192.

田振坤，傅莺莺，刘素红，等，2013.基于无人机低空遥感的农作物快速分类方法［J］.农业工程学报，29（7）：109-116.

童玲，2023.无人机遥感及图像处理［M］.成都：电子科技大学出版社.

童庆禧，2006.高光谱遥感［M］.北京：高等教育出版社.

汪可宁，谢水仙，刘孝坤，等，1988.我国小麦条锈病防治研究的进展［J］.中国农业科学（21）：1-8.

汪小钦，王苗苗，王绍强，等，2015.基于可见光波段无人机遥感的植被信息提取［J］.农业工程学报，31（5）：152-159.

王凡，王超，冯美臣，等，2019.基于高光谱的玉米大斑病害监测

［J］．山西农业科学（6）：1065-1068．

王海光，马占鸿，王韬，等，2007. 高光谱在小麦条锈病严重度分级识别中的应用［J］．光谱学与光谱分析（9）：1811-1814．

王纪华，赵春江，黄文江，2008. 农业定量遥感基础与应用［M］．北京：科学出版社．

王玉娜，李粉玲，王伟东，等．2020. 基于无人机高光谱的冬小麦氮素营养监测［J］．农业工程学报（22）：31-39．

温庆可，张增祥，刘斌，等，2009. 草地覆盖度测算方法研究进展［J］．草业科学，26（12）：30-36．

于惠，吴玉锋，牛莉婷，2021. 基于无人机可见光图像的荒漠草地覆盖度估算［J］．草业科学，38（8）：1432-1438．

袁琳，2015. 小麦病虫害多尺度遥感识别和区分方法研究［M］．杭州：浙江大学．

张德荣，方慧，何勇，2019. 可见/近红外光谱图像在作物病害检测中的应用［J］．光谱学与光谱分析（39）：1748-1756．

张和钰，管文轲，李志鹏，等，2020. 基于无人机影像的戈壁区植被空间分布特征及其主要影响因素研究［J］．干旱区资源与环境，34（2）：161-167．

张竞成，2012. 多源遥感数据小麦病害信息提取方法研究［D］．杭州：浙江大学．

张竞成，袁琳，王纪华，等，2012. 作物病虫害遥感监测研究进展［J］．农业工程学报（28）：1-11．

张庆，2018. 基于成像高光谱数据的小麦白粉病诊断研究［D］．合肥：安徽大学．

张云霞，李小兵，陈云浩，2003. 草地植被覆盖度的多尺度遥感与

实地测量方法综述 [J]. 地球科学进展, 18 (1): 85-93.

章文波, 符素华, 刘宝元, 2001. 目估法测量植被覆盖度的精度分析 [J]. 北京师范大学学报 (自然科学版), 37 (3): 402-408.

赵春江, 2014. 农业遥感研究与应用进展 [J]. 农业机械学报, 45 (12): 277-293.

赵春玲, 李志刚, 吕海军, 2000. 中德合作宁夏贺兰山封山育林草项目区植被覆盖度监测 [J]. 宁夏农林科技 (6): 402-408.

赵静, 杨焕波, 兰玉彬, 等, 2019. 基于无人机可见光图像的夏季玉米植被覆盖度提取方法 [J]. 农业机械学报, 50 (5): 232-240.

赵英时, 2013. 遥感应用分析原理与方法 [C]. 北京: 科学出版社.

ABDULRIDHA J, AMPATZIDIS Y, KAKARLA S C, et al., 2020a. Detection of target spot and bacterial spot diseases in tomato using uav-based and benchtop-based hyperspectral imaging techniques [J]. Precision Agriculture (5): 955-978.

ABDULRIDHA J, AMPATZIDIS Y, ROBERTS P, et al., 2020. Detecting powdery mildew disease in squash at different stages using uav-based hyperspectral imaging and artificial intelligence [J]. Biosystems Engineering (197): 135-148.

ANGUIANO-MORALES M, CORRAL-MARTINEZ L F, TRUJILLO-SCHIAFFINO G, et al., 2018. Topographic investigation from a low altitude unmanned aerial vehicle [J]. Optics & Lasers in Engineering (110): 63-71.

ASHOURLOO D, MOBASHERI M R, HUETE A, 2014. Developing

two spectral disease indices for detection of wheat leaf rust (pucciniatriticina) [J]. Remote Sensing (6): 4723-4740.

AZADBAKHT M, ASHOURLOO D, AGHIGHI H, et al., 2019.Wheat leaf rust detection at canopy scale under different lai levels using machine learning techniques [J]. Computers and Electronics in Agriculture (156): 119-128.

BEDDOW J M, PARDEY P G, CHAI Y, et al., 2015. Research investment implications of shifts in the global geography of wheat stripe rust [J]. Nature Plants (1): 1-5.

BRAVO C, MOSHOU D, WEST J, et al., 2003. Early disease detection in wheat fields using spectral reflectance [J]. Biosystems Engineering (84): 137-145.

BROGE N H, LEBLANC E, 2001. Comparing prediction power and stability of broadband and hyperspectral vegetation indices for estimation of green leaf area index and canopy chlorophyll density [J]. Remote sensing of environment (76): 156-172.

CALDERÓN R, NAVAS - CORTÉS J A, LUCENA C, et al., 2013. High-resolution airborne hyperspectral and thermal imagery for early detection of verticillium wilt of olive using fluorescence, temperature and narrow-band spectral indices [J]. Remote Sensing of Environment (139): 231-245.

CAO J, LENG W, LIU K, et al., 2018. Object-based mangrove species classification using unmanned aerial vehicle hyperspectral images and digital surface models [J]. Remote Sensing (10): 89.

CAO X, LUO Y, ZHOU Y, et al., 2013. Detection of powdery mildew in two winter wheat cultivars using canopy hyperspectral reflectance [J]. Crop Protection (45): 124-131.

CHEN D, SHI Y, HUANG W, et al., 2018. Mapping wheat rust based on high spatial resolution satellite imagery [J]. Computers and Electronics in Agriculture (152): 109-116.

CHEN T, ZHANG J, CHEN Y, et al., 2019. Detection of peanut leaf spots disease using canopy hyperspectral reflectance [J]. Computers and electronics in agriculture (156): 677-683.

CHEN X, KANG Z, 2017. Stripe rust [C]. Springer.

CHENG G, HAN J, 2016. A survey on object detection in optical remote sensing images [J]. ISPRS journal of photogrammetry and remote sensing (117): 11-28.

CHUANLEI Z, SHANWEN Z, JUCHENG Y, et al., 2017. Apple leaf disease identification using genetic algorithm and correlation based feature selection method [J]. International Journal of Agricultural and Biological Engineering (10): 74-83.

CLAVERIE M, DEMAREZ V, DUCHEMIN B, et al., 2012. Maize and sunflower biomass estimation in southwest France using high spatial temporal resolution remote sensing data. Remote Sensing of Environment (124): 844-857.

CUI H X, LIU Z J, SUN J, 2005. Research on UAV remote sensing system [J]. Bulletin of Surveying and Mapping (5): 11-14.

DENG X, ZHU Z, YANG J, et al., 2020. Detection of citrus huanglongbing based on multi-input neural network model of uav hyperspectral remote sensing [J]. Remote Sensing (12): 2678.

DHAU I, ADAM E, MUTANGA O, et al., 2018. Detecting the severity of maize streak virus infestations in maize crop using in situ hyperspectral data [J]. Transactions of the Royal Society of South Africa (73): 8-15.

FAN Z, LU J, GONG M, et al., 2018. Automatic Tobacco Plant Detection in UAV Images via Deep Neural Networks [J]. IEEE journal of selected topics in applied earth observations and remote sensing, 11 (3): 876-887.

GAMON J A, SURFUS J S, 2010. Assessing leaf pigment content and activity with a reflectometer [J]. New Phytologist, 143 (1): 105-117.

GRACIA - ROMERO A, KEFAUVER S C, VERGARA - DÍAZ O, et al., 2017. Comparative Performance of Ground vs. Aerially Assessed RGB and Multispectral Indices for Early-Growth Evaluation of Maize Performance under Phosphorus Fertilization [J]. Frontiers in plant science (8): 2004.

GUANGJIAN YAN, LINYUAN L I, ANDRÉ COY, et al., 2019. Improving the estimation of fractional vegetation cover from UAV RGB imagery by colour unmixing [J]. ISPRS Journal of Photogrammetry and Remote Sensing (158): 23-34.

GUERRERO J M, PAJARES G, MONTALVO M, et al., 2012. Support Vector Machines for crop/weeds identification in maize fields [J]. Expert systems with applications, 39 (12): 11149-11155.

GUO W, RAGE U K, NINOMIYA S, 2013. Illumination invariant segmentation of vegetation for time series wheat images based on decision tree model [J]. Computers and Electronics in Agriculture (96): 58-66.

HIRD, JN, MONTAGHI, et al., 2017. Use of Unmanned Aerial Vehicles for Monitoring Recovery of Forest Vegetation on Petroleum Well Sites [J]. Remote Sens-basel, 9 (5): 413-432.

HUANG W, SHI Y, DONG Y, et al., 2019. Progress and prospects of crop diseases and pests monitoring by remote sensing [J]. Smart Agriculture (1): 1.

HUNT E R, HIVELY W D, FUJIKAWA S J, et al., 2010. Acquisition of NIR-Green-Blue Digital Photographs from Unmanned Aircraft for Crop Monitoring [J]. Remote Sens (2): 290-305.

KERKECH M, HAFIANE A, CANALS R, 2020. Vine disease detection in uav multispectral images using optimized image registration and deep learning segmentation approach [J]. Computers and Electronics in Agriculture (174): 105446.

KITANO B T, MENDES C C T, GEUS A R, et al., 2019. Corn Plant Counting Using Deep Learning and UAV Images [C]. IEEE geoscience and remote sensing letters.

KOH J C O, HAYDEN M, DAETWYLER H, et al., 2019. Estimation of crop plant density at early mixed growth stages using UAV imagery [J]. Plant methods, 15 (1): 64.

LATI R N, FILIN S, EIZENBERG H, 2011. Robust Methods for Measurement of Leaf-Cover Area and Biomass from Image Data [J]. Weed science, 59 (2): 276-284.

LEI T J, GONG A D, LI C C, et al., 2011. Application of UAV remote sensing system monitoring in the low – temperature and frozen ice – snow disaster [J]. Journal of Anhui Agricultural Sciences, 39 (4): 2417-2419, 2423.

LI B, LIU R Y, LIU S H, et al., 2012. Monitoring vegetation coverage variation of winter wheat by low – altitude UAV remote sensing system [J]. Transactions of the CSAE, 28 (13): 160-165.

LI D K, FAN J Z, WANG J, 2010. Change characteristics and their causes of fractional vegetation coverage (FVC) in Shanxi Province [J]. Chinese Journal of Applied Ecology, 21 (11): 2896-2903.

LI Y, XU W, WU W, 2011. Application research on aviation remote sensing UAV for disaster monitoring [J]. Journal of Catastrophology, 26 (1): 138-143.

LU J, ZHOU M, GAO Y, et al., 2018. Using hyperspectral imaging to discriminate yellow leaf curl disease in tomato leaves [J]. Precision Agriculture (19): 379-394.

MA L J, MA R S, LIU Z G, et al., 2005. Preliminary application of mini–UAV in remote sensing [J]. Journal of Guangxi Meteorology, 26 (Supp. 1): 180-181.

MA R S, MA S Q, WANG L P, et al., 2008. Preliminary experiment of forest fire monitoring system on unmanned aerial vehicle [J]. Meteorological Science and Technology, 36 (1): 100-104.

MENDOZA F, DEJMEK P, AGUILERA J M, 2006. Calibrated color measurements of agricultural foods using image analysis [J]. Postharvest biology and technology, 41 (3): 285-295.

MÖCKEL, THOMAS, DALMAYNE, et al., 2014. Classification of

Grassland Successional Stages Using Airborne Hyperspectral Imagery [J].
Remote Sensing (6): 7732-7761.

M.L.GUILLEN-CLIMENT, PABLE J.ZARCO-TEJADA, J.A.J.BERNI,
et al., 2012.Mapping radiation interception in row-structured orchards
using 3D simulation and high-resolution airborne imagery acquired from
a UAV [J]. Precision Agric (13): 473-500.

NETO J C, 2006. A combined statistical - soft computing approach
for classification and mapping weed species in minimum-tillage systems
[D]. Lincoln, NE: University of Nebraska.

OERKE E-C, 2020. Remote sensing of diseases [J]. Annual Review of
Phytopathology (58): 225-252.

PANNETON B, BROUILLARD M, 2009. Colour representation methods
for segmentation of vegetation in photographs [J]. Biosystems engi-
neering, 102 (4): 365-378.

PENG D, HUETE A R, HUANG J, et al., 2011. Detection and esti-
mation of mixed paddy rice cropping patterns with MODIS data [J].
International Journal of Applied Earth Observation and Geoinformation,
13 (1): 13-23.

QI Y, WANG X L, FENG Z K, et al., 2009. Study on coverage chan-
ges of the vegetation in Beijing city based on RS and GIS [J]. Forest
Inventory and Planning, 34 (2): 1-4.

RIBERA J, CHEN Y, BOOMSMA C, et al., 2017. Counting plants
using deep learning, 2017 [C]. IEEE.

RUNDQUIST B C, 2002. The influence of canopy green vegetation
fraction on spectral measurements over native tallgrass prairie [J].

Remote Sensing of Environment, 81 (1): 129-135.

SELLARO R, CREPY M, TRUPKIN S A, et al., 2010. Cryptochrome as a sensor of the blue/green ratio of natural radiation in Arabidopsis. Plant Physiology, 154 (1): 401-409.

SHI J, DU Y, DU J, et al., 2012. Progresses on microwave remote sensing of land surface parameters [J]. Science China - Earth Sciences, 55 (7): 1052-1078.

SHRESTHA D S, STEWARD B L, 2003. Automatic corn plant population measurement using machine vision [Z]. Iowa State University Digital Repository.

SHUAI G, MARTINEZ - FERIA R A, ZHANG J, et al., 2019. Capturing Maize Stand Heterogeneity Across Yield - Stability Zones Using Unmanned Aerial Vehicles (UAV) [J]. Sensors (Basel, Switzerland), 19 (20): 4446.

SINGH V, SHARMA N, SINGH S, 2020. A review of imaging techniques for plant disease detection [J]. Artificial Intelligence in Agriculture (1): 229-242.

SONG W, MU X, RUANG, et al., 2017. Estimating fractional vegetation cover and the vegetation index of bare soil and highly dense vegetation with a physically based method [J]. International Journal of Applied Earth Observation and Geoinformation (58): 168-176.

TELMO ADÃO, JONÁŠ HRUŠKA, LUÍS PÁDUA, et al., 2017. Hyperspectral Imaging: A Review on UAV - Based Sensors, Data Processing and Applications for Agriculture and Forestry [J]. Remote Sensing, 9 (11): 1110.

THALEN D. C. P, JEFFREY A. GRITZNER, 1982. Ecology and Utilization of Desert Shrub Rangelands in Iraq [J]. Geographical Review, 72 (4): 469.

TIAN Z K, FU Y Y, LIU SH, et al., 2013. Rapid crops classification based on UAV low-altitude remote sensing [J]. Transactions of the Chinese Society of Agricultural Engineering, 29 (7): 109-116.

TIEDE D, KRAFFT P, FÜREDER P, et al., 2017. Stratified Template Matching to Support Refugee Camp Analysis in OBIA Workflows [J]. Remote sensing (Basel, Switzerland), 9 (4): 326.

VERGARA-DÍAZ O, ZAMAN-ALLAH M A, MASUKA B, et al., 2016. A Novel Remote Sensing Approach for Prediction of Maize Yield Under Different Conditions of Nitrogen Fertilization [J]. Frontiers in plant science (7): 666.

WANG XIAOQIN, WANG MIAOMIAO, WANG SHAOQIANG, et al., 2015. Extraction of vegetation information from visible unmanned aerial vehicle images [J]. Transactions of the Chinese Society of Agricultural Engineering, 31 (5): 152-158.

YOUSFI S, KELLAS N, SAIDI L, et al., 2016. Comparative performance of remote sensing methods in assessing wheat performance under Mediterranean conditions [J]. Agricultural water management (164): 137-147.

ZAMAN-ALLAH M, VERGARA O, ARAUS J L, et al., 2015. Unmanned aerial platform-based multispectral imaging for field phenotyping of maize [J]. Plant methods, 11 (1): 35.

ZHANG J, BASSO B, PRICE R F, et al., 2018. Estimating plant distance in maize using Unmanned Aerial Vehicle（UAV）［J］. PloS one, 13（4）: e195223.

ZHOU B, ELAZAB A, BORT J, et al., 2015. Low-cost assessment of wheat resistance to yellow rust through conventional RGB images［J］. Computers and electronics in agriculture（116）: 20-29.

5 展 望

随着科技的进步，无人机技术被广泛应用于很多领域，如遥感、民用、军事等。本书首先介绍无人机的起源、发展以及无人机技术应用现状，随后介绍了无人机系统各分系统情况，最后重点介绍了无人机遥感技术和无人机遥感技术在农业上的典型应用。总体来看，目前国内外利用无人机遥感开展农业领域的相关应用研究，还处于不断发展阶段，在无人机飞行平台和机载传感器的研发、应用和管理方面，以及遥感监测数据的获取、处理和应用等方面，都有极大的提升空间，需要不断完善应用功能，主要表现在以下几个方面。

第一，无人机性能有待提高。

针对遥感技术所使用的无人机飞行平台，主要存在稳定性不足、续航时间较短、易受外界干扰和载荷不足等问题。需要进一步开发稳定性强、续航时间长和载荷大的无人机飞行平台。对于无人机机载传感器，为满足不同的遥感监测任务需求，无人机可以搭载相应的传感器。然而，现有的无人机机载传感器无法完全适应复杂的外部环境，所获取的作物农情数据质量往往由于环境的不同而存在差异，并且由于无人机平台载荷不足，往往搭载传感器的重量和数量等有限。因此，研发低成本、轻量化和模块化以及实用性更强的机载传感器具有重要意义。

第二，数据获取困难。

无人机遥感监测作物容易受大风、阴雨等恶劣天气影响，同时采集数据时对太阳光照有较高的要求。大部分无人机飞行任务的操作较复杂且过度依赖于人工设置，制约了其在作物遥感监测中的广泛应用。当前研究已逐渐从单区域、单频次作物遥感监测变为多区域、多频次的连续监测，加大了遥感监测数据获取的任务工作量，同时为监测数据获取与处理带来挑战。在开展无人机遥感监测作物研究时，实验人员通常需要自行携带辐射校正板等校正设备，以便后续校正操作后获得反射率值等数据。此外，过去大部分研究使用单一来源的遥感监测数据，难以全面反映整体信息。随着传感器的轻型化和无人机载荷及续航时间的增加，已逐步实现多源数据同步遥感监测作物信息。

第三，数据处理复杂。

通常研究与应用人员，需要设计开发相应算法或使用相关软件，实现对无人机遥感监测数据的拼接、解析和生成处方图等操作，其中部分算法和特定软件针对特定应用而开发。随着利用无人机遥感监测作物时间增加，以及空间和光谱分辨率提高，需要解决无人机遥感监测获取的海量数据的处理问题。滞后的遥感监测数据解译将无法及时指导病虫害的防治，导致无法实现农业快速、精准、高效管理。特别地，为实现时空实时感知、周期实时监测、要素实时评估，当前利用空天地一体化立体监测技术，开展作物全生育期监测的综合研究与应用较少，且具有巨大潜力。

第四，结果使用局限。

由于存在作物的物候阶段、种植区域与类型、生育期、监测时间、气候变化等影响，目前大部分算法或模型仅适用于对应研究，而无法具备稳定性、普适性和通用性，往往由于时间和空间的局限性而严重制约其大面积应用与推广。例如，在单次的无人机遥感监测中实现很高的识别率，但并不能保证在其他时刻通过无人机获取的遥感监测数据，能得到同样的识别率。

　　未来，无人机技术需要在更加强大的性能、更加高效的驱动系统以及更加精密的控制系统上不断进行研发，不断提高其在各个行业的应用性能，从而推动无人机产业的发展。在无人机遥感领域，如何获取更多的遥感监测信息仍然需要深入研究，如获取空间结构数据与光谱成像对应数据、光谱数据与相应的环境数据，以及空天地一体化立体监测数据等。同时，目前越来越多开源的更大型、更多元、覆盖更广的遥感监测数据库、数据集和数据平台等正在不断涌现，将为相关研究与应用提供数据基础。未来需不断完善数据处理方法，应设计开发出适用性更强、适用面更广的数据处理算法或软件以提高数据处理的准确性。利用更多元的监测数据提取更全面综合的作物病虫害危害特征。缩短数据处理时间，使用基于 5G 通信网络和边缘计算设备以解决数据传输与数据及时处理的问题，更加及时、精准地监测农作物全生育过程。

附图4-1　条锈病孢子侵染小麦的症状

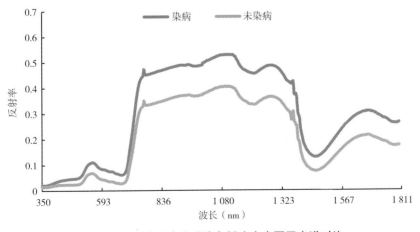

附图4-2　正常小麦和感染条锈病小麦冠层光谱对比

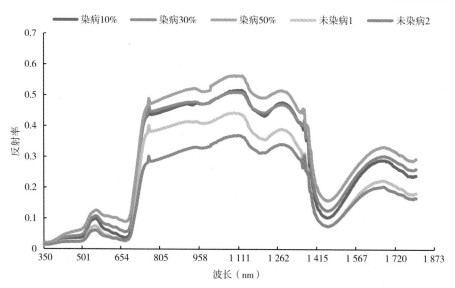

附图4-3　不同程度的条锈病小麦冠层光谱

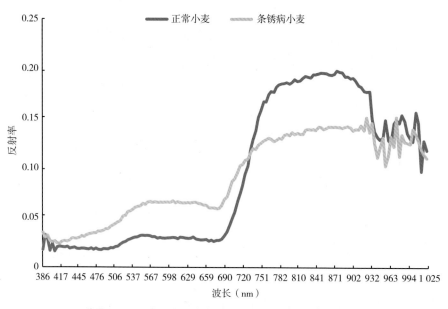

附图4-4　正常小麦与条锈病小麦PHI影像典型光谱分析

（a）无人机高光谱影像　　　　（b）小麦条锈病病情反演结果

附图4-5　大田试验区无人机高光谱小麦条锈病监测结果

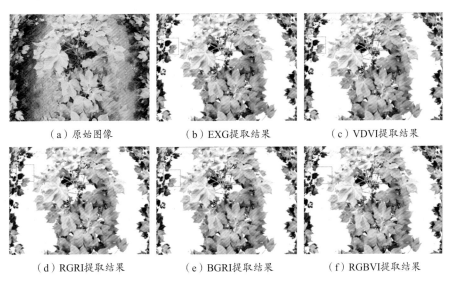

（a）原始图像　　　　（b）EXG提取结果　　　　（c）VDVI提取结果

（d）RGRI提取结果　　　　（e）BGRI提取结果　　　　（f）RGBVI提取结果

附图4-6　各植被指数植被覆盖度提取结果

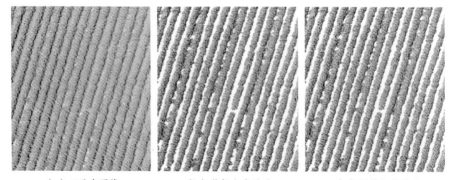

（a）可见光图像　　　　　（b）监督分类结果　　　　　（c）阈值分类结果

附图4-7　棉花试验区域

（a）可见光图像　　　　　（b）监督分类结果　　　　　（c）阈值分类结果

附图4-8　花生试验区域

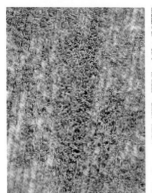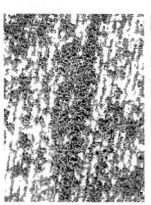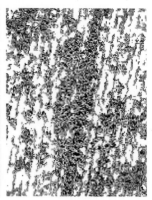

（a）可见光图像　　　　　（b）监督分类结果　　　　　（c）阈值分类结果

附图4-9　玉米试验区域